6　軌跡の方程式の求め方

(I)　条件を満たす点 P の座標を (x, y) とおいて，x，y の関係式を求める。

(II)　逆に，(I)で求めた関係式を満たす任意の点が，与えられた条件を満たすことを示す。

7　不等式の表す領域

(1)　$y > mx + n \implies$ 直線 $y = mx + n$ の上側
$y < mx + n \implies$ 直線 $y = mx + n$ の下側

(2)　円 $C : (x-a)^2 + (y-b)^2 = r^2$ のとき
$(x-a)^2 + (y-b)^2 < r^2 \implies$ 円 C の内部
$(x-a)^2 + (y-b)^2 > r^2 \implies$ 円 C の外部

1　一般角

1つの角 α の一般角は $\alpha + 360° \times n$ （n は整数）

2　弧度法

$180° = \pi$ ラジアン

3　三角関数の定義

半径 r の円周上の点 P(x, y) をとり，OP と x 軸の正の向きとのなす角を θ（ラジアン）とすると

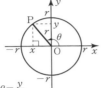

$\sin\theta = \dfrac{y}{r}$，$\cos\theta = \dfrac{x}{r}$，$\tan\theta = \dfrac{y}{x}$

4　三角関数の値の範囲

$-1 \leqq \sin\theta \leqq 1$，$-1 \leqq \cos\theta \leqq 1$

$\tan\theta$ は実数全体

5　三角関数の相互関係

$\tan\theta = \dfrac{\sin\theta}{\cos\theta}$

$\sin^2\theta + \cos^2\theta = 1$

$1 + \tan^2\theta = \dfrac{1}{\cos^2\theta}$

6　三角関数の性質 （複号同順，n は整数）

$\begin{cases} \sin(\theta + 2n\pi) = \sin\theta \\ \cos(\theta + 2n\pi) = \cos\theta \\ \tan(\theta + n\pi) = \tan\theta \end{cases}$
$\begin{cases} \sin(-\theta) = -\sin\theta \\ \cos(-\theta) = \cos\theta \\ \tan(-\theta) = -\tan\theta \end{cases}$

$\begin{cases} \sin(\theta + \pi) = -\sin\theta \\ \cos(\theta + \pi) = -\cos\theta \\ \tan(\theta + \pi) = \tan\theta \end{cases}$
$\begin{cases} \sin\left(\theta + \dfrac{\pi}{2}\right) = \cos\theta \\ \cos\left(\theta + \dfrac{\pi}{2}\right) = -\sin\theta \\ \tan\left(\theta + \dfrac{\pi}{2}\right) = -\dfrac{1}{\tan\theta} \end{cases}$

7　三角関数のグラフ

周期：$f(x + p) = f(x)$ を満たす正で最小の値 p

・$y = \sin\theta$ の周期は 2π，
　　　　グラフは原点に関して対称（奇関数）

・$y = \cos\theta$ の周期は 2π，
　　　　グラフは y 軸に関して対称（偶関数）

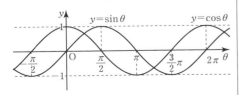

・$y = \tan\theta$ の周期は π，
　　　　グラフは原点に関して対称（奇関数）

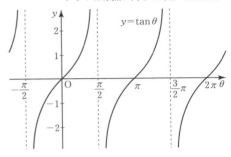

グラフの漸近線は $\theta = \dfrac{\pi}{2} + n\pi$ （n は整数）

8　三角関数の加法定理 （複号同順）

$\sin(\alpha \pm \beta) = \sin\alpha\cos\beta \pm \cos\alpha\sin\beta$

$\cos(\alpha \pm \beta) = \cos\alpha\cos\beta \mp \sin\alpha\sin\beta$

$\tan(\alpha \pm \beta) = \dfrac{\tan\alpha \pm \tan\beta}{1 \mp \tan\alpha\tan\beta}$

9　2倍角の公式

$\sin 2\alpha = 2\sin\alpha\cos\alpha$

$\cos 2\alpha = \cos^2\alpha - \sin^2\alpha$

　　　　$= 2\cos^2\alpha$
　　　　$= 1 - 2\sin^2\alpha$

$\tan 2\alpha = \dfrac{2\tan\alpha}{1 - \tan^2\alpha}$

JN111956

10　半角の公式

$\sin^2\dfrac{\alpha}{2} = \dfrac{1 - \cos\alpha}{2}$

$\cos^2\dfrac{\alpha}{2} = \dfrac{1 + \cos\alpha}{2}$

$\tan^2\dfrac{\alpha}{2} = \dfrac{1 - \cos\alpha}{1 + \cos\alpha}$

11　三角関数の合成

$a\sin\theta + b\cos\theta = \sqrt{a^2 + b^2}\sin(\theta + \alpha)$

ただし　$\cos\alpha = \dfrac{a}{\sqrt{a^2 + b^2}}$
　　　　$\sin\alpha = \dfrac{b}{\sqrt{a^2 + b^2}}$

例題から学ぶ 数学II

「例題から学ぶ」ことについて

例題とは，辞書によれば「練習などのために例として出す問題」（広辞苑第7版，岩波書店刊）とあります。しかし，高校数学における例題の意味合いはそれだけにおさまりません。

教科書に示されている例題は，辞書の意味どおり問題で，学習内容を理解していくための基本的かつ典型的なものです。

しかし，大学入試問題にも対応できる問題解決能力を得るためには，典型的ではありながら高度な問題の例題に数多く当たって解き方を身につける必要があります。

近年の思考力を重視する問題においても，これらの例題の考え方がベースになっているものが少なくありません。

本書には，教科書の内容を理解するための例題から，大学入試に必要な考え方を修得するための例題まで，それにふさわしい代表的な問題を過不足なく網羅し，「数学II」の教科書の配列に従ってまとめてあります。

各例題のタイトルに添えた星印（★）の数が，次のように問題の難易度を示しています。

　　　★　　……教科書の基本レベル（64題）
　　　★★　　……教科書掲載の例題レベル（115題）
　　　★★★　……教科書掲載の応用例題・章末問題レベル（94題）
　　　★★★★……大学入試レベル（26題）

本書を一通り学習した後は，必要に応じて解法を確認する解法事典として活用することが可能です。また，姉妹編の「例題から学ぶ数学II 演習編」とともに活用することで，確実に力を蓄えられます。

本書によって，数学的能力を養い，数学へのさらなる志向を高められることを願ってやみません。

　　　　　　　　　　　　　　　　　　　　　　　　　　　著者しるす

第 1 章　方程式・式と証明

1　整式の乗法・除法と分数式

例題 1　乗法公式による整式の展開（1）　★

次の式を展開せよ。

(1) $(2x+1)^3$　　　　　　　　　(2) $(2a-3b)^3$

解

(1) $(2x+1)^3$

$=(2x)^3+3\cdot(2x)^2\cdot1+3\cdot2x\cdot1^2+1^3$

$=8x^3+12x^2+6x+1$

(2) $(2a-3b)^3$

$=(2a)^3-3\cdot(2a)^2\cdot3b+3\cdot2a\cdot(3b)^2-(3b)^3$

$=8a^3-36a^2b+54ab^2-27b^3$

▶乗法公式(1)◀

$(a+b)^3=a^3+3a^2b+3ab^2+b^3$
$(a-b)^3=a^3-3a^2b+3ab^2-b^3$

参考　・3乗の展開公式は，次のように地道に展開

すれば求められる。

$(a+b)^3=(a+b)^2(a+b)$

$=(a^2+2ab+b^2)(a+b)$

$=a^3+2a^2b+ab^2+a^2b+2ab^2+b^3$

$=a^3+3a^2b+3ab^2+b^3$

・次のような誤りに注意する。

$(a+b)^3=a^3+b^3$，
$(a-b)^3=a^3-b^3$

・3乗の展開は暗算で結果だけをかこうと
するとミスをしやすい。

$(\boldsymbol{a}+\boldsymbol{b})^3=\boldsymbol{a}^3+3\boldsymbol{a}^2\boldsymbol{b}+3\boldsymbol{a}\boldsymbol{b}^2+\boldsymbol{b}^3$
$(\boldsymbol{a}-\boldsymbol{b})^3=\boldsymbol{a}^3-3\boldsymbol{a}^2\boldsymbol{b}+3\boldsymbol{a}\boldsymbol{b}^2-\boldsymbol{b}^3$　の展開

・きちんと公式に代入した形の式をかくこ
とが大切である。

➡　公式に代入した形をかいてから
展開する

例題 2　乗法公式による整式の展開（2）　★

次の式を展開せよ。

(1) $(x+2)(x^2-2x+4)$　　　　(2) $(a-3b)(a^2+3ab+9b^2)$

解

(1) $(x+2)(x^2-2x+4)$

$=(x+2)(x^2-x\cdot2+2^2)$

$=x^3+2^3=x^3+8$

(2) $(a-3b)(a^2+3ab+9b^2)$

$=(a-3b)\{a^2+a\cdot3b+(3b)^2\}$

$=a^3-(3b)^3=a^3-27b^3$

▶乗法公式(2)◀

$(a+b)(a^2-ab+b^2)=a^3+b^3$
$(a-b)(a^2+ab+b^2)=a^3-b^3$

・乗法公式(2)は，急に出されてもなかな
か利用するのが難しい公式。

・$(x+2)(x^2-2x+4)=x^3-2x^2+4x+2x^2-4x+8=x^3+8$

$(\boldsymbol{a}+\boldsymbol{b})(\boldsymbol{a}^2+\boldsymbol{a}\boldsymbol{b}+\boldsymbol{b}^2)=\boldsymbol{a}^3+\boldsymbol{b}^3$
$(\boldsymbol{a}-\boldsymbol{b})(\boldsymbol{a}^2+\boldsymbol{a}\boldsymbol{b}+\boldsymbol{b}^2)=\boldsymbol{a}^3-\boldsymbol{b}^3$　の公式

・忘れたら，次のように1つ1つ展開すれ
ばスッキリ求められる。

➡　気がつかなければ展開せよ

4

例題 3 3次式の因数分解(1) ★★

次の式を因数分解せよ。

(1) x^3+27　　(2) x^3-8y^3

解 (1) x^3+27

$=x^3+3^3=(x+3)(x^2-3x+9)$

(2) x^3-8y^3

$=x^3-(2y)^3=(x-2y)\{x^2+x\cdot 2y+(2y)^2\}$

$=(x-2y)(x^2+2xy+4y^2)$

◤因数分解の公式(1)◢

$a^3+b^3=(a+b)(a^2-ab+b^2)$

$a^3-b^3=(a-b)(a^2+ab+b^2)$

考え方 3次式の因数分解 ➡ $a^3+b^3=(a+b)(a^2-ab+b^2)$

$a^3-b^3=(a-b)(a^2+ab+b^2)$

例題 4 3次式の因数分解(2) ★★★

乗法公式 $(a+b)^3=a^3+3a^2b+3ab^2+b^3$ を利用して，次の式を因数分解せよ。

(1) $x^3+9x^2+27x+27$　　(2) $1-3x+3x^2-x^3$

解 (1) $x^3+9x^2+27x+27$

$=x^3+3\cdot x^2\cdot 3+3\cdot x\cdot 3^2+3^3$

$=(x+3)^3$

(2) $1-3x+3x^2-x^3$

$=1^3+3\cdot 1^2\cdot(-x)+3\cdot 1\cdot(-x)^2+(-x)^3$

$=(1-x)^3$

◤因数分解の公式(2)◢

$a^3+3a^2b+3ab^2+b^3=(a+b)^3$

$a^3-3a^2b+3ab^2-b^3=(a-b)^3$

例題 5 $a^3+b^3+c^3-3abc$ の因数分解 ★★★★

次の式を因数分解せよ。

(1) $a^3+b^3+c^3-3abc$　　(2) $x^3-8y^3+27z^3+18xyz$

解 (1) $a^3+b^3+c^3-3abc$

$=(a+b)^3-3ab(a+b)+c^3-3abc$

$=(a+b+c)\{(a+b)^2-(a+b)c+c^2\}$

$-3ab(a+b+c)$

$=(a+b+c)(a^2+2ab+b^2-ac-bc+c^2-3ab)$

$=(a+b+c)(a^2+b^2+c^2-ab-bc-ca)$

⬅ a^3+b^3
$=(a+b)^3-3ab(a+b)$ とし，さらに $(a+b)^3$ と c^3 を組ませて因数分解した。

⬅ $a+b+c$ が共通因数。

(2) (1)の式で $a\to x$，$b\to -2y$，$c\to 3z$ と置きかえると

$x^3-8y^3+27z^3+18xyz$

$=x^3+(-2y)^3+(3z)^3-3x(-2y)(3z)$

$=(x-2y+3z)(x^2+4y^2+9z^2+2xy+6yz-3zx)$

考え方 $a^3+b^3+c^3-3abc=(a+b+c)(a^2+b^2+c^2-ab-bc-ca)$

- 因数分解の公式の中でも最後に覚える公式。
- できれば，丸暗記するより公式の求め方を理解する。

2 二項定理

例題 6 二項定理 ★★

次の式を二項定理を用いて展開せよ。

(1) $(x+2)^5$　　(2) $\left(2x-\dfrac{1}{x}\right)^4$

解 (1) $(x+2)^5={}_5C_0x^5+{}_5C_1x^4\cdot 2+{}_5C_2x^3\cdot 2^2$

$+{}_5C_3x^2\cdot 2^3+{}_5C_4x\cdot 2^4+{}_5C_5\cdot 2^5$

$=\boldsymbol{x^5+10x^4+40x^3+80x^2+80x+32}$

(2) $\left(2x-\dfrac{1}{x}\right)^4={}_4C_0(2x)^4+{}_4C_1(2x)^3\left(-\dfrac{1}{x}\right)$

$+{}_4C_2(2x)^2\left(-\dfrac{1}{x}\right)^2+{}_4C_3(2x)\left(-\dfrac{1}{x}\right)^3+{}_4C_4\left(-\dfrac{1}{x}\right)^4$

$=16x^4+4\cdot 8x^3\cdot\left(-\dfrac{1}{x}\right)+6\cdot 4x^2\cdot\dfrac{1}{x^2}+4\cdot 2x\cdot\left(-\dfrac{1}{x^3}\right)+\dfrac{1}{x^4}$

$=\boldsymbol{16x^4-32x^2+24-\dfrac{8}{x^2}+\dfrac{1}{x^4}}$

二項定理
$(a+b)^n={}_nC_0a^n+{}_nC_1a^{n-1}b+\cdots\cdots+{}_nC_ra^{n-r}b^r+\cdots\cdots+{}_nC_nb^n$
${}_nC_ra^{n-r}b^r$ を展開式の一般項という。

⬅指数法則
$a^m\cdot a^n=a^{m+n}$, $(a^m)^n=a^{mn}$

考え方 $(a+b)^n$ の展開 ➡ 二項定理にあてはめて展開する

例題 7 展開式における項の係数 ★★

次の式を展開したとき, [ ] 内の項の係数を求めよ。

(1) $(x-2y)^7$ [x^3y^4]　　(2) $\left(x^2+\dfrac{2}{x}\right)^6$ [x^3]

解 (1) $(x-2y)^7$ の展開式における一般項は

${}_7C_rx^{7-r}(-2y)^r={}_7C_r(-2)^rx^{7-r}y^r$

x^3y^4 の項は $r=4$ のとき。

よって, x^3y^4 の項の係数は

${}_7C_4(-2)^4=35\times 16=\boldsymbol{560}$

⬅$(-2y)^r=(-2)^r\cdot y^r$ のように, 数と文字を分けると考えやすい。

(2) $\left(x^2+\dfrac{2}{x}\right)^6$ の展開式における一般項は

${}_6C_r(x^2)^{6-r}\left(\dfrac{2}{x}\right)^r={}_6C_r2^r\cdot x^{12-3r}$

⬅指数法則
$\dfrac{a^m}{a^n}=a^{m-n}$

x^3 の項は, $12-3r=3$ より, $r=3$ のとき。

よって, x^3 の項の係数は

${}_6C_32^3=20\times 8=\boldsymbol{160}$

考え方 $(a+b)^n$ の係数 ➡ 一般項を ${}_nC_ra^{n-r}b^r$ で表し r を決定する

例題 8 多項定理(1) ★★

$(x+2y-3z)^7$ の展開式における $x^2y^2z^3$ の項の係数を求めよ。

解 $(x+2y-3z)^7$ の一般項は

$$\frac{7!}{p!q!r!}x^p(2y)^q(-3z)^r \quad (p+q+r=7)$$

$$=\frac{7!}{p!q!r!}\cdot2^q\cdot(-3)^r x^p y^q z^r$$

$x^2y^2z^3$ の項は，$p=2$，$q=2$，$r=3$ のときだから，

$$\frac{7!}{2!2!3!}\cdot2^2\cdot(-3)^3 x^2y^2z^3$$

よって，$x^2y^2z^3$ の項の係数は

$$\frac{7!}{2!2!3!}\cdot2^2\cdot(-3)^3$$

$$=210\times4\times(-27)=\mathbf{-22680}$$

▶多項定理◀

$(a+b+c)^n$ の展開式における
$a^p b^q c^r$ の一般項は

$$\frac{n!}{p!q!r!}a^p b^q c^r$$

$$(p+q+r=n)$$

考え方 $(a+b+c)^n$ の展開と $a^p b^q c^r$ の係数 ➡ 一般項を $\dfrac{n!}{p!q!r!}a^p b^q c^r$ で表す
各項の指数を考えて p, q, r を決定

例題 9 多項定理(2) ★★★

$(x^2+2x+3)^5$ の展開式における x^7 の項の係数を求めよ。

解 一般項は

$$\frac{5!}{p!q!r!}(x^2)^p(2x)^q 3^r$$

$$=\frac{5!}{p!q!r!}\cdot2^q\cdot3^r\cdot x^{2p+q}$$

ただし，$p+q+r=5$ $\quad(p\geqq0,\ q\geqq0,\ r\geqq0)$

x^7 の項の係数は

$$2p+q=7$$

のときで，これを満たす整数 p, q, r の組は

$$(p,\ q,\ r)=(2,\ 3,\ 0),\ (3,\ 1,\ 1)$$

よって，x^7 の項の係数は

$$\frac{5!}{2!3!0!}\cdot2^3\cdot3^0+\frac{5!}{3!1!1!}\cdot2^1\cdot3^1$$

$$=80+120=\mathbf{200}$$

←p, q, r は 0 以上 5 以下。

←$p=0$, 1, 2, 3, 4, 5 を代入して，0〜5までの p, q, r の組を見つける。

p	0	1	2	3	4	5
q	7	5	3	1	-1	-3
r	-2	-1	0	1	2	3

考え方
・多項定理では，展開したとき同類項が2組以上出てくることもある。

・0以上の整数を p, q, r に1つ1つていねいに組合せを考える。

多項定理 ➡ p, q, r の組合せに注意！（1つとは限らない）

例題 10 二項定理の利用 ★★★

12^{10} を 10 で割ったときの余りを求めよ。

解 $12^{10}=(2+10)^{10}$ として，二項定理で展開すると

$$(与式)={}_{10}C_0 2^{10}+{}_{10}C_1 2^9 \cdot 10^1 + {}_{10}C_2 2^8 \cdot 10^2 + \cdots$$
$$\cdots + {}_{10}C_9 2^1 \cdot 10^9 + {}_{10}C_{10} 2^0 \cdot 10^{10}$$

上の式で，～～～部分はすべて 10 を因数にもつから，

10 で割り切れる。

したがって，${}_{10}C_0 2^{10}=1024$

を 10 で割った余りを求めればよい。

$1024 \div 10 = 102$　余り 4

よって，12^{10} を 10 で割った余りは　**4**

◀$(a+b)^n$ の二項定理の展開公式にあてはめる。$a=2$, $b=10$ とおく。

◀${}_{10}C_0=1$, $2^{10}=1024$

別解 ～～～部分は次のように変形してもよい。

$$10({}_{10}C_1 2^9 + {}_{10}C_2 2^8 \cdot 10^1 + \cdots + {}_{10}C_{10} 2^0 \cdot 10^9)$$

考え方
・整数の何乗かを p で割った余りを求める問題では，まともに計算できない。
・$(p+\bullet)^n$ として二項定理を用いて展開すると，p の累乗の和の形になる。

(整数)^n をある数で割った余りは ➡ 二項定理の展開を考えよう

例題 11 二項定理に関する等式 ★★★

二項定理を利用して，次の等式を証明せよ。

(1) ${}_{10}C_0 + {}_{10}C_1 + {}_{10}C_2 + \cdots + {}_{10}C_{10} = 2^{10}$ 　　(2) ${}_n C_0 + {}_n C_1 + {}_n C_2 + \cdots + {}_n C_n = 2^n$

解 $(1+x)^n$ を二項定理を用いて展開すると

$$(1+x)^n = {}_n C_0 + {}_n C_1 x + {}_n C_2 x^2 + \cdots + {}_n C_n x^n \quad \cdots ①$$

(1) ①の式で $x=1$, $n=10$ とすると

$$(1+1)^{10} = {}_{10}C_0 + {}_{10}C_1 + {}_{10}C_2 + \cdots + {}_{10}C_{10}$$

よって，等式

$${}_{10}C_0 + {}_{10}C_1 + {}_{10}C_2 + \cdots + {}_{10}C_{10} = 2^{10}$$

が成り立つ。（終）

(2) ①の式に $x=1$ を代入すると

$$2^n = {}_n C_0 + {}_n C_1 + {}_n C_2 + \cdots + {}_n C_{n-1} + {}_n C_n$$

よって，等式

$${}_n C_0 + {}_n C_1 + {}_n C_2 + \cdots + {}_n C_{n-1} + {}_n C_n = 2^n$$

が成り立つ。（終）

◀ $(a+b)^n$
$= {}_n C_0 a^n + {}_n C_1 a^{n-1} b + {}_n C_2 a^{n-2} b^2 + \cdots + {}_n C_{n-1} a b^{n-1} + {}_n C_n b^n$
において，$a=1$, $b=x$ とおく。

考え方
二項定理に関する等式 ➡ $\begin{cases} (1+x)^n = {}_n C_0 + {}_n C_1 x + {}_n C_2 x^2 + \cdots + {}_n C_n x^n \\ \text{この関係式の } x \text{ や } n \text{ に代入する値を見つける} \\ \left(x=1, \ -1, \ 2, \ \dfrac{1}{2}, \ \cdots \text{などが多い。}\right) \end{cases}$

3　整式の除法

例題 12　整式の除法 ★

次の整式 A を整式 B で割った商と余りを求めよ。

(1) $A=6x^2+x-3,\ B=2x-1$　　(2) $A=x^3+x+10,\ B=x+2$

解 (1)
$$
\begin{array}{r}
3x+2 \\
2x-1\,)\overline{\,6x^2+\ x-3} \\
\underline{6x^2-3x} \\
4x-3 \\
\underline{4x-2} \\
-1
\end{array}
$$

(2)
$$
\begin{array}{r}
x^2-2x+5 \\
x+2\,)\overline{\,x^3+\ x+10} \\
\underline{x^3+2x^2} \\
-2x^2+\ x \\
\underline{-2x^2-4x} \\
5x+10 \\
\underline{5x+10} \\
0
\end{array}
$$

←(2) 2 次の項は空けておく。

よって，商 $3x+2$，余り -1　　よって，商 x^2-2x+5，余り 0

考え方　整式の割り算　➡　欠けている次数の項は空けておく
次数の順に縦にそろえて引く

例題 13　整式の除法の関係式 ★

(1) 整式 A を x^2+x-1 で割ると，商が $x-2$，余りが $x+1$ であるとき，整式 A を求めよ。

(2) 整式 x^3-4x+8 を整式 B で割ると，商が x^2-3x+1，余りが $4x+5$ であるとき，整式 B を求めよ。

解 (1)
$$
\begin{aligned}
A&=(x^2+x-1)(x-2)+x+1 \\
&=x^3-2x^2+x^2-2x-x+2+x+1 \\
&=x^3-x^2-2x+3
\end{aligned}
$$

▶除法の関係式◀

整式 A を整式 B で割ったときの商を Q，余りを R とすると
$$A=BQ+R$$
ただし，(R の次数)<(B の次数)
とくに，$R=0$ のとき，A は B で割り切れるという。

$$
\begin{array}{r}
Q \\
B\,)\overline{\,A} \\
\vdots \\
R
\end{array}
$$

(2) $x^3-4x+8=B\times(x^2-3x+1)+4x+5$
だから
$$
\begin{aligned}
B\times(x^2-3x+1)&=x^3-4x+8-(4x+5) \\
&=x^3-8x+3
\end{aligned}
$$
よって
$$
\begin{aligned}
B&=(x^3-8x+3)\div(x^2-3x+1) \\
&=x+3
\end{aligned}
$$

$$
\begin{array}{r}
x+3 \\
x^2-3x+1\,)\overline{\,x^3-8x+3} \\
\underline{x^3-3x^2+\ x} \\
3x^2-9x+3 \\
\underline{3x^2-9x+3} \\
0
\end{array}
$$

余りを引いているので割り切れることが検算になる。

考え方　除法の関係式　➡　(割られる式)＝(割る式)×(商)＋(余り)

例題 10-13

例題 14 割り算を利用した式の値　★★

$x=1+\sqrt{3}$ のとき $2x^3-5x^2-x+4$ の値を求めよ。

解 $x=1+\sqrt{3}$ より $x-1=\sqrt{3}$

この両辺を2乗して

$(x-1)^2=(\sqrt{3})^2,\ x^2-2x+1=3$

よって，$x^2-2x-2=0$ …①

右の割り算より

$2x^3-5x^2-x+4=(x^2-2x-2)(2x-1)+x+2$

$x=1+\sqrt{3}$ を代入すると，

①より $x^2-2x-2=0$ だから

$(与式)=0\cdot(2+2\sqrt{3}-1)+1+\sqrt{3}+2$

$=3+\sqrt{3}$

←$x=1+\sqrt{3}$ から x についての関係式を導く。

←$x=1+\sqrt{3}$ は方程式 $x^2-2x-2=0$ の解である。

$$x^2-2x-2\overline{\smash{\big)}\,2x^3-5x^2-\ x+4}$$
$$\quad\ 2x-1$$
$$\underline{2x^3-4x^2-4x}$$
$$\quad -x^2+3x+4$$
$$\underline{\quad -x^2+2x+2}$$
$$\qquad\qquad x+2$$

 考え方 $x=a+\sqrt{b}$ のとき の式の値 ➡ $(x$の式$)=0$ の関係式をつくり，与式を割る $(与式)=(x$の式$)Q(x)+mx+n$ と変形し，x を代入

4 分数式

例題 15 分数式の乗法と除法　★

次の式を簡単にせよ。

(1) $\dfrac{(-2a^2b)^3}{4a^5b^4}$

(2) $\dfrac{5c}{4a^2b}\times\dfrac{6a}{bc^2}\div\dfrac{15}{a^2c}$

(3) $\dfrac{x^2-x-2}{x^3+x}\div\dfrac{x^2-5x+6}{x^2-2x-3}\times\dfrac{x^2+1}{2x^2-2}$

解 (1) $\dfrac{(-2a^2b)^3}{4a^5b^4}=\dfrac{-8a^6b^3}{4a^5b^4}=-\dfrac{2a}{b}$

(2) $\dfrac{5c}{4a^2b}\times\dfrac{6a}{bc^2}\div\dfrac{15}{a^2c}$

$=\dfrac{5c}{4a^2b}\times\dfrac{6a}{bc^2}\times\dfrac{a^2c}{15}=\dfrac{a}{2b^2}$

(3) $\dfrac{x^2-x-2}{x^3+x}\div\dfrac{x^2-5x+6}{x^2-2x-3}\times\dfrac{x^2+1}{2x^2-2}$

$=\dfrac{(x+1)(x-2)}{x(x^2+1)}\times\dfrac{(x+1)(x-3)}{(x-2)(x-3)}\times\dfrac{x^2+1}{2(x+1)(x-1)}$

$=\dfrac{x+1}{2x(x-1)}$

▶分数式の乗法・除法◀

$\dfrac{A}{B}\times\dfrac{C}{D}=\dfrac{AC}{BD}$

$\dfrac{A}{B}\div\dfrac{C}{D}=\dfrac{A}{B}\times\dfrac{D}{C}=\dfrac{AD}{BC}$

 考え方 分数式の除法 ➡ 逆数にして掛ける。答えは既約分数式に！

| 例題 | **16** | 分数式の加法と減法 | ★ |

次の計算をせよ。

(1) $\dfrac{x+3}{x^2-3x}+\dfrac{2}{3-x}$ (2) $\dfrac{2}{x^2-x}-\dfrac{2}{x^2-2x}+\dfrac{1}{x^2-3x+2}$

解 (1) $\dfrac{x+3}{x^2-3x}+\dfrac{2}{3-x}=\dfrac{x+3}{x(x-3)}-\dfrac{2}{x-3}$

$=\dfrac{x+3}{x(x-3)}-\dfrac{2x}{x(x-3)}=\dfrac{x+3-2x}{x(x-3)}$

$=\dfrac{-(x-3)}{x(x-3)}=-\dfrac{1}{x}$

←$\dfrac{2}{3-x}=-\dfrac{2}{x-3}$

分母の最小公倍数で通分

←(通分：分母を同じ式にすること)

←$-x+3=-(x-3)$

▶分数式の加法・減法◀

$$\dfrac{A}{C}+\dfrac{B}{C}=\dfrac{A+B}{C}$$

$$\dfrac{A}{C}-\dfrac{B}{C}=\dfrac{A-B}{C}$$

(2) $\dfrac{2}{x^2-x}-\dfrac{2}{x^2-2x}+\dfrac{1}{x^2-3x+2}$

$=\dfrac{2}{x(x-1)}-\dfrac{2}{x(x-2)}+\dfrac{1}{(x-1)(x-2)}$

$=\dfrac{2(x-2)}{x(x-1)(x-2)}-\dfrac{2(x-1)}{x(x-1)(x-2)}$

$\qquad\qquad\qquad+\dfrac{x}{x(x-1)(x-2)}$

$=\dfrac{2(x-2)-2(x-1)+x}{x(x-1)(x-2)}$

$=\dfrac{x-2}{x(x-1)(x-2)}=\dfrac{1}{x(x-1)}$

←分母を因数分解。

←それぞれの分母 $x(x-1)$, $x(x-2)$, $(x-1)(x-2)$ の最小公倍数 $x(x-1)(x-2)$ を分母にする。

←答えは既約分数式にする。

| 考え方 | 分母が異なる分数式の加法，減法 → まず，通分してから分子の計算 必ず既約分数式になるまで計算 |

| 例題 | **17** | 除法を利用する分数式の計算 | ★★ |

$\dfrac{x^2+x-1}{x-1}-\dfrac{x^2+4x+4}{x+3}-1$ を計算せよ。

解 $\dfrac{x^2+x-1}{x-1}=x+2+\dfrac{1}{x-1}$

$\dfrac{x^2+4x+4}{x+3}=x+1+\dfrac{1}{x+3}$　だから

(与式)$=\left(x+2+\dfrac{1}{x-1}\right)-\left(x+1+\dfrac{1}{x+3}\right)-1$

$=\dfrac{1}{x-1}-\dfrac{1}{x+3}=\dfrac{4}{(x-1)(x+3)}$

$$\begin{array}{r}x+2\\x-1\overline{\smash{\big)}x^2+x-1}\\\underline{x^2-x}\\2x-1\\\underline{2x-2}\\1\end{array}$$

$$\begin{array}{r}x+1\\x+3\overline{\smash{\big)}x^2+4x+4}\\\underline{x^2+3x}\\x+4\\\underline{x+3}\\1\end{array}$$

| 考え方 | (分子の次数)≧(分母の次数) の分数式の計算と変形 → 分子を分母で割って，分子の次数を 分母の次数より下げてから計算する |

11

例題 18 繁分数式 ★★

次の式を簡単にせよ。

(1) $\dfrac{1+\dfrac{3}{x-2}}{x+3+\dfrac{6}{x-2}}$

(2) $\dfrac{1}{1-\dfrac{1}{1+\dfrac{1}{x-1}}}$

解 (1) (与式) $=\dfrac{\left(1+\dfrac{3}{x-2}\right)\times(x-2)}{\left(x+3+\dfrac{6}{x-2}\right)\times(x-2)}$

$=\dfrac{(x-2)+3}{(x+3)(x-2)+6}$

$=\dfrac{x+1}{x^2+x-6+6}=\dfrac{x+1}{x(x+1)}=\dfrac{1}{x}$

←式の中の分母 $x-2$ を払うために, 分母, 分子に $x-2$ を掛ける。

別解 (与式) $=\dfrac{\dfrac{x-2+3}{x-2}}{\dfrac{(x+3)(x-2)+6}{x-2}}=\dfrac{x+1}{(x^2+x-6)+6}$

$=\dfrac{x+1}{x(x+1)}=\dfrac{1}{x}$

←$\dfrac{\dfrac{A}{B}}{\dfrac{C}{D}}=\dfrac{A}{B}\div\dfrac{C}{D}$

$=\dfrac{A}{B}\times\dfrac{D}{C}=\dfrac{AD}{BC}$

(2) (与式) $=\dfrac{1}{1-\dfrac{1\times(x-1)}{\left(1+\dfrac{1}{x-1}\right)\times(x-1)}}=\dfrac{1}{1-\dfrac{x-1}{x}}$

$=\dfrac{1\times x}{\left(1-\dfrac{x-1}{x}\right)\times x}=\dfrac{x}{x-(x-1)}=x$

←まず, ▒▒ の部分に着目して, 計算する。

考え方 繁分数式の計算 ➡ 分母と同じ因数を掛けて, 分母を払う

例題 19 部分分数分解を利用する分数式の計算 ★★★

$\dfrac{1}{x(x+1)}+\dfrac{2}{(x+1)(x+3)}+\dfrac{3}{(x+3)(x+6)}$ を計算せよ。

解 (与式) $=\dfrac{(x+1)-x}{x(x+1)}+\dfrac{(x+3)-(x+1)}{(x+1)(x+3)}+\dfrac{(x+6)-(x+3)}{(x+3)(x+6)}$

$=\left(\dfrac{1}{x}-\dfrac{1}{x+1}\right)+\left(\dfrac{1}{x+1}-\dfrac{1}{x+3}\right)+\left(\dfrac{1}{x+3}-\dfrac{1}{x+6}\right)$

$=\dfrac{1}{x}-\dfrac{1}{x+6}=\dfrac{x+6-x}{x(x+6)}=\dfrac{6}{x(x+6)}$

考え方 部分分数分解 ➡ $\dfrac{1}{(x+a)(x+b)}=\dfrac{1}{b-a}\left(\dfrac{1}{x+a}-\dfrac{1}{x+b}\right)$

・このように, 部分分数に分けて行う計算は特殊なもの。

◀ 5 ▶ 複素数

例題 20 虚数単位 i の定義 ★

次の数を虚数単位 i を用いて表せ。

(1) $\sqrt{-3}$ (2) -4 の平方根

解 (1) $\sqrt{-3}=\sqrt{3}\,i$

(2) 2 乗して -4 となる数だから

$\pm\sqrt{-4}=\pm\sqrt{4}\,i=\pm2i$

◀虚数単位 i
$i^2=-1$, $(i=\sqrt{-1})$
$a>0$ のとき $\sqrt{-a}=\sqrt{a}\,i$

考え方 虚数単位 i の定義 ➡ $i^2=-1$, $a>0$ のとき $\sqrt{-a}=\sqrt{a}\,i$

例題 21 複素数と共役な複素数 ★

次の複素数の実部と虚部をいえ。また、共役な複素数をいえ。

(1) $2-3i$ (2) 4 (3) $\sqrt{5}\,i$

解 (1) $2-3i=2+(-3)i$ より 実部 2, 虚部 -3,

共役な複素数は $2+3i$

(2) $4=4+0\cdot i$ より 実部 4, 虚部 0,

共役な複素数は $4-0i$ だから 4

(3) $\sqrt{5}\,i=0+\sqrt{5}\,i$ より 実部 0, 虚部 $\sqrt{5}$,

共役な複素数は $0-\sqrt{5}\,i$ だから $-\sqrt{5}\,i$

▼複素数▼

$a+bi$ (a, b は実数)

↑実部   ↑虚部

・$b=0$ のとき実数 a
・$a=0$, $b\neq0$ のとき
純虚数 bi

▼共役な複素数▼

$a+bi$ と $a-bi$

例題 22 複素数の四則 ★

次の計算をせよ。

(1) $(-3+4i)+(-1+2i)$ (2) $(-3+4i)-(-1+2i)$

(3) $(-3+4i)(-1+2i)$

(4) $\dfrac{3-4i}{2-i}$

解 (1) $(-3+4i)+(-1+2i)=(-3-1)+(4+2)i$

$=-4+6i$

(2) $(-3+4i)-(-1+2i)=(-3+1)+(4-2)i$

$=-2+2i$

(3) $(-3+4i)(-1+2i)=3-6i-4i+8i^2$

$=3-10i-8=-5-10i$

(4) $\dfrac{3-4i}{2-i}=\dfrac{(3-4i)(2+i)}{(2-i)(2+i)}$ ◀分母の共役な複素数を分母・分子に掛ける。

$=\dfrac{6-5i-4i^2}{4-i^2}=\dfrac{10-5i}{5}=2-i$

▼複素数の四則▼

(a, b, c, d は実数)

加法 $(a+bi)+(c+di)$
$=(a+c)+(b+d)i$

減法 $(a+bi)-(c+di)$
$=(a-c)+(b-d)i$

乗法 $(a+bi)(c+di)$
$=(ac-bd)+(ad+bc)i$

除法 $\dfrac{a+bi}{c+di}=\dfrac{(a+bi)(c-di)}{(c+di)(c-di)}$

$=\dfrac{ac+bd}{c^2+d^2}+\dfrac{bc-ad}{c^2+d^2}i$

考え方 複素数の四則 ➡ i は文字と同様に計算。ただし、$i^2=-1$
除法は分母の複素数に共役な複素数を掛けて実数化する。

13

例題 23 複素数の相等 ★★

次の等式を満たす実数 x, y の値を求めよ。

(1) $(3+2i)x+(4-i)y=2+5i$ (2) $\dfrac{x+yi}{1+2i}=1-i$

解 (1) $(3x+4y)+(2x-y)i=2+5i$

$3x+4y$, $2x-y$ は実数だから

$3x+4y=2$ かつ $2x-y=5$

これを解いて $x=2$, $y=-1$

(2) 分母を払って

$x+yi=(1-i)(1+2i)$

$=1+i-2i^2=3+i$

x, y は実数だから $x=3$, $y=1$

←実部と虚部にまとめる。

←この断り書きは必要。

▼複素数の相等◢

a, b, c, d が実数のとき
$a+bi=c+di \iff a=c$, $b=d$
$a+bi=0 \iff a=b=0$

←分母を払う計算も有効なときがある。

別解 $\dfrac{x+yi}{1+2i}=\dfrac{(x+yi)(1-2i)}{(1+2i)(1-2i)}=\dfrac{(x+2y)-(2x-y)i}{5}$

←分母を実数化する。

これが $1-i$ に等しく，$x+2y$, $2x-y$ は実数だから

$\dfrac{x+2y}{5}=1$, $\dfrac{2x-y}{5}=1$

これを解いて $x=3$, $y=1$

考え方 複素数の相等 ➡ (実部)+(虚部)i の形に変形して実部と虚数を比較

例題 24 複素数が純虚数，実数となる条件 ★★

複素数 $\dfrac{1+ai}{3-i}$ が純虚数になるとき，実数になるときの a の値をそれぞれ求めよ。

また，そのときの純虚数，実数を求めよ。

解 $\dfrac{1+ai}{3-i}=\dfrac{(1+ai)(3+i)}{(3+i)(3-i)}=\dfrac{3+3ai+i+ai^2}{9-i^2}$

$=\dfrac{(3-a)+(3a+1)i}{10}$ …①

←分母を実数化する。

①が純虚数になるのは

$3-a=0$ かつ $3a+1\neq0$

よって，$a=3$ のとき，$\dfrac{10i}{10}=i$

←$a+bi$ が純虚数
⇕
$a=0$ かつ $b\neq0$

①が実数になるのは $3a+1=0$

よって，$a=-\dfrac{1}{3}$ のとき，$\dfrac{3-\left(-\dfrac{1}{3}\right)}{10}=\dfrac{1}{3}$

←$a+bi$ が実数
⇕
$b=0$

考え方 複素数 $a+bi$ ➡ 純虚数になる条件：実部 $a=0$ かつ虚部 $b\neq0$
実数になる条件：虚部 $b=0$

例題 25　複素数の平方根　★★

2 乗して $8i$ となる複素数 z を求めよ。

解 $z=a+bi$ （a, b は実数）とおくと

$z^2=(a+bi)^2=8i$ より

$a^2-b^2+2abi=8i$

a^2-b^2, $2ab$ は実数だから

$a^2-b^2=0$ …①, $2ab=8$ …②

①より $(a+b)(a-b)=0$

$a+b=0$ のとき②は $a^2=-4$ となり不適。

$a-b=0$ のとき②は $a^2=4$

よって，$a=\pm2$, このとき $b=\pm2$

ゆえに，$z=2+2i$ または $z=-2-2i$

←$z^2=8i$ より $z=\pm\sqrt{8i}$ とするのは誤り。

←①，②の連立方程式を解く。

←$a^2=-4$ となる実数 a はない。

←複号の $\pm$ は同順である。

考え方 複素数の平方根 ➡ $a+bi$ とおいて複素数の相等で解く

例題 26　負の数の平方根の計算　★

次の計算をせよ。

(1) $\sqrt{-3}\times\sqrt{-12}$　　(2) $\sqrt{-\dfrac{1}{4}}-\dfrac{1}{\sqrt{-4}}$

解 (1) $\sqrt{-3}\times\sqrt{-12}=\sqrt{3}\,i\times2\sqrt{3}\,i=6i^2=-6$

(2) $\sqrt{-\dfrac{1}{4}}-\dfrac{1}{\sqrt{-4}}=\sqrt{\dfrac{1}{4}}\,i-\dfrac{1}{\sqrt{4}\,i}$

$=\dfrac{1}{2}i-\dfrac{i}{2i^2}=\dfrac{1}{2}i+\dfrac{1}{2}i=i$

←負の数の平方根は，i を使って表してから計算。

考え方 根号内が負の数 $\sqrt{-a}$ （$a>0$） ➡ i を使って，$\sqrt{-a}=\sqrt{a}\,i$ と表して計算

例題 27　負の数の平方根の性質　★

$a>0$，$b>0$ のとき，次の等式が成り立つかどうか調べよ。

(1) $\sqrt{a}\sqrt{-b}=\sqrt{-ab}$　　(2) $\dfrac{\sqrt{b}}{\sqrt{-a}}=\sqrt{-\dfrac{b}{a}}$

解 (1) $\sqrt{a}\sqrt{-b}=\sqrt{a}\times\sqrt{b}\,i=\sqrt{ab}\,i$, $\sqrt{-ab}=\sqrt{ab}\,i$

よって $\sqrt{a}\sqrt{-b}=\sqrt{-ab}$ は成り立つ。

(2) $\dfrac{\sqrt{b}}{\sqrt{-a}}=\dfrac{\sqrt{b}}{\sqrt{a}\,i}=\dfrac{\sqrt{b}\,i}{\sqrt{a}\,i^2}=-\sqrt{\dfrac{b}{a}}\,i$, $\sqrt{-\dfrac{b}{a}}=\sqrt{\dfrac{b}{a}}\,i$

よって $\dfrac{\sqrt{b}}{\sqrt{-a}}=\sqrt{-\dfrac{b}{a}}$ は成り立たない。

考え方 平方根の計算 ➡ $\sqrt{a}\sqrt{b}=\sqrt{ab}$ が成り立つのは $a>0$, $b>0$ のとき

6 2次方程式の解

例題 28 2次方程式の解の公式 ★

次の2次方程式を解け。

(1) $x^2-3x+4=0$ (2) $5x^2-4x+1=0$ (3) $-\dfrac{1}{2}x^2+\sqrt{3}\,x-2=0$

解 (1) $x=\dfrac{-(-3)\pm\sqrt{(-3)^2-4\cdot1\cdot4}}{2\cdot1}$

$=\dfrac{3\pm\sqrt{-7}}{2}=\dfrac{3\pm\sqrt{7}\,i}{2}$

(2) $x=\dfrac{-(-2)\pm\sqrt{(-2)^2-5\cdot1}}{5}$

$=\dfrac{2\pm\sqrt{-1}}{5}=\dfrac{2\pm i}{5}$

別解 (I)の公式で解くと

$x=\dfrac{-(-4)\pm\sqrt{(-4)^2-4\cdot5\cdot1}}{2\cdot5}=\dfrac{4\pm\sqrt{-4}}{10}=\dfrac{2\pm i}{5}$

(3) 両辺に -2 を掛けて

$x^2-2\sqrt{3}\,x+4=0$ ◆$a=1$, $b'=-\sqrt{3}$, $c=4$

よって $x=-(-\sqrt{3})\pm\sqrt{(-\sqrt{3})^2-1\cdot4}$

$=\sqrt{3}\pm\sqrt{-1}=\sqrt{3}\pm i$

▼2次方程式の解の公式◢

(I) $ax^2+bx+c=0$

$x=\dfrac{-b\pm\sqrt{b^2-4ac}}{2a}$

(II) $ax^2+2b'x+c=0$

$x=\dfrac{-b'\pm\sqrt{b'^2-ac}}{a}$

◆明らかに(II)の公式より計算が面倒になる。

◆形を整えて公式を適用する。(2),(3)は公式(II)を利用。

考え方 解の公式の適用 ➡ ・x の係数が2の倍数なら公式(II)で
・公式が適用しやすい形にする

例題 29 2次方程式の解の判別(1) ★

次の2次方程式の解を判別せよ。ただし，a は定数とする。

(1) $2x^2-x+3=0$ (2) $2x^2+2\sqrt{6}\,x+3=0$ (3) $x^2+2ax+a^2+2=0$

解 (1) $D=(-1)^2-4\cdot2\cdot3=1-24=-23<0$

よって，異なる2つの虚数解をもつ。

(2) $\dfrac{D}{4}=(\sqrt{6})^2-2\cdot3=6-6=0$

よって，重解をもつ。

(3) $\dfrac{D}{4}=a^2-(a^2+2)=-2<0$

よって，異なる2つの虚数解をもつ。

▼2次方程式の解の判別◢

係数が実数の2次方程式
$ax^2+bx+c=0$ $(a\neq0)$ の判別式
$D=b^2-4ac$ について

$D>0 \iff$ 異なる2つの実数解

$D=0 \iff$ 重解 $\left(x=-\dfrac{b}{2a}\right)$

$D<0 \iff$ 異なる2つの虚数解

考え方 2次方程式：$D<0$ のとき ➡ 数Iでは"解はない"
数IIでは"異なる2つの虚数解"

例題 30　2次方程式の解の判別（2）　　★★

a を 0 でない実数の定数とするとき，2次方程式 $ax^2+(a+3)x+4=0$ の解を判別せよ。

解　判別式を D とすると

$$D=(a+3)^2-4\cdot a\cdot 4$$

$$=a^2-10a+9=(a-1)(a-9)$$

$D>0$ すなわち

$a<0,\ 0<a<1,\ 9<a$ のとき

異なる2つの実数解

$D=0$ すなわち

$a=1,\ 9$ のとき　重解

$D<0$ すなわち

$1<a<9$ のとき

異なる2つの虚数解

◆2次方程式の解の判別は
$D=b^2-4ac$ をとる。

◆$a\neq 0$ なので $a<1,\ 9<a$ の範囲で $a=0$ を除く。
$a<1\ (a\neq 0),\ 9<a$
としてもよい。

考え方　2次方程式の解の判別　➡　$D>0,\ D=0,\ D<0$ で場合分け

例題 31　解と係数の関係　　★

次の2次方程式の2つの解を $\alpha,\ \beta$ とするとき，$\alpha+\beta,\ \alpha\beta$ の値を求めよ。

(1)　$2x^2-3x-1=0$　　　(2)　$\dfrac{1}{2}x^2+\dfrac{2}{3}x+\dfrac{1}{6}=0$　　　(3)　$4x^2-5=0$

解　解と係数の関係から

(1)　$\alpha+\beta=-\dfrac{-3}{2}=\dfrac{3}{2}$

　　　$\alpha\beta=\dfrac{-1}{2}=-\dfrac{1}{2}$

(2)　$\dfrac{1}{2}x^2+\dfrac{2}{3}x+\dfrac{1}{6}=0$ の両辺に 6 を掛けて

　　　$3x^2+4x+1=0$

　　　よって　$\alpha+\beta=-\dfrac{4}{3},\ \alpha\beta=\dfrac{1}{3}$

(3)　$\alpha+\beta=-\dfrac{0}{4}=0,\ \alpha\beta=\dfrac{-5}{4}=-\dfrac{5}{4}$

▼2次方程式の解と係数の関係▲
$ax^2+bx+c=0$ の2つの
解を $\alpha,\ \beta$ とすると
$$\alpha+\beta=-\frac{b}{a},\ \alpha\beta=\frac{c}{a}$$

◆$a=4,\ b=0,\ c=-5$

考え方
・解と係数の関係は，さまざまな場合で使われる重要な関係である。

・2次方程式の解を求めなくても解の和と積が求められる。

解と係数の関係　➡　$ax^2+bx+c=0$ の2つの解を $\alpha,\ \beta$ とすると　➡　$\alpha+\beta=-\dfrac{b}{a},\ \alpha\beta=\dfrac{c}{a}$

7 2次方程式の応用

例題 32 2次式の因数分解 ★★

次の2次式を複素数の範囲で1次式の積に因数分解せよ。

(1) $2x^2+6$ 　　　　　　　　　(2) $3x^2-2x+1$

解 (1) $2x^2+6=0$ の解は

$x^2=-3$ 　より　$x=\pm\sqrt{3}\,i$ 　だから

$2x^2+6=2(x-\sqrt{3}\,i)(x+\sqrt{3}\,i)$

(2) $3x^2-2x+1=0$ の解は

$x=\dfrac{1\pm\sqrt{2}\,i}{3}$ だから　　$\blacklefthalf x=\dfrac{-b'\pm\sqrt{b'^2-ac}}{a}$

$3x^2-2x+1=3\Big(x-\dfrac{1+\sqrt{2}\,i}{3}\Big)\Big(x-\dfrac{1-\sqrt{2}\,i}{3}\Big)$

> ▶2次式の因数分解◀
>
> 2次方程式 $ax^2+bx+c=0$ の
> 2つの解を α, β とすると
> $ax^2+bx+c=\underline{a}(x-\alpha)(x-\beta)$
> ↑忘れない！

考え方 2次式 ax^2+bx+c ➡ $ax^2+bx+c=0$ の解 α, β を求めて
1次式の積 $a(x-\alpha)(x-\beta)$ にできる

例題 33 2数を解とする2次方程式(1) ★

$1+2i$, $1-2i$ を2つの解とする2次方程式を1つ求めよ。

解 解の和は　$(1+2i)+(1-2i)=2$

解の積は　$(1+2i)(1-2i)=1-4i^2=5$

よって，2次方程式の1つは

$x^2-2x+5=0$

> ⬅α, β を2解とする
> 2次方程式の1つは
> $(x-\alpha)(x-\beta)=0$
> $x^2-\underline{(\alpha+\beta)}x+\underline{\alpha\beta}=0$
> 　　　和　　　積

例題 34 2数を解とする2次方程式(2) ★★

2次方程式 $x^2-3x-1=0$ の2解を α, β とするとき，次の2つの数を解とする
2次方程式を1つ求めよ。

(1) 2α, 2β 　　　　　　　　(2) α^2, β^2

解 解と係数の関係から　$\alpha+\beta=3$, $\alpha\beta=-1$

(1) 解の和は　$2\alpha+2\beta=2(\alpha+\beta)=2\cdot3=6$

解の積は　$2\alpha\cdot2\beta=4\alpha\beta=4\cdot(-1)=-4$

よって，2次方程式の1つは　$x^2-6x-4=0$

(2) 解の和は　$\alpha^2+\beta^2=(\alpha+\beta)^2-2\alpha\beta$

$=3^2-2\cdot(-1)=11$

解の積は　$\alpha^2\beta^2=(\alpha\beta)^2=(-1)^2=1$

よって，2次方程式の1つは　$x^2-11x+1=0$

> ▶解と係数の関係◀
>
> $ax^2+bx+c=0$ の2つ
> の解を α, β とすると
> $\alpha+\beta=-\dfrac{b}{a}$, $\alpha\beta=\dfrac{c}{a}$

⬅対称式の基本変形。

考え方 2数 α, β を解にもつ2次方程式 ➡ 2解の和 $\alpha+\beta$ と積 $\alpha\beta$ を求め，
$x^2-($和$)x+($積$)=0$ に代入

例題 35 解と係数の関係と対称式の値 ★★

2 次方程式 $3x^2-6x+1=0$ の 2 つの解を $\alpha,\ \beta$ とするとき，次の式の値を求めよ。

(1) $\alpha^2+\beta^2$ (2) $\alpha^3+\beta^3$ (3) $\dfrac{\alpha}{\beta-1}+\dfrac{\beta}{\alpha-1}$

解 解と係数の関係から

$$\alpha+\beta=-\frac{-6}{3}=2,\quad \alpha\beta=\frac{1}{3}$$

(1) $\alpha^2+\beta^2=(\alpha+\beta)^2-2\alpha\beta=2^2-2\cdot\dfrac{1}{3}=\dfrac{10}{3}$

(2) $\alpha^3+\beta^3=(\alpha+\beta)^3-3\alpha\beta(\alpha+\beta)=2^3-3\cdot\dfrac{1}{3}\cdot2=6$ ←$\alpha^3+\beta^3$ の基本対称式変形

別解 $\alpha^3+\beta^3=(\alpha+\beta)(\alpha^2-\alpha\beta+\beta^2)=2\times\left(\dfrac{10}{3}-\dfrac{1}{3}\right)=6$ ←$\alpha^3+\beta^3$ の因数分解

(3) $\dfrac{\alpha}{\beta-1}+\dfrac{\beta}{\alpha-1}=\dfrac{\alpha(\alpha-1)+\beta(\beta-1)}{(\alpha-1)(\beta-1)}$

$\qquad=\dfrac{\alpha^2+\beta^2-(\alpha+\beta)}{\alpha\beta-(\alpha+\beta)+1}=\dfrac{\dfrac{10}{3}-2}{\dfrac{1}{3}-2+1}=-2$ ←(1)の結果を利用。

考え方
・解と係数の関係の $\alpha+\beta$，$\alpha\beta$ は，基本対
称式になっている。

・$\alpha,\ \beta$ の対称式の値を求める問題にもよ
く利用される。

解と係数の関係の $\alpha+\beta$，$\alpha\beta$ ➡ 対称式の基本変形に帰着

例題 36 2 次方程式の 2 解の比 ★★

2 次方程式 $x^2-kx+k-1=0$ の 2 つの解の比が $1:3$ であるとき，定数 k の
値と，そのときの 2 つの解を求めよ。

解 2 つの解を $\alpha,\ 3\alpha$ とおくと，解と係数の関係から

←解の比が $1:3$ だから，α と 3α とおく。1 と 3 とおいては いけない。

$$\begin{cases}\alpha+3\alpha=k\\ \alpha\cdot3\alpha=k-1\end{cases}\quad\text{より}\quad\begin{cases}k=4\alpha &\cdots\text{①}\\ 3\alpha^2=k-1 &\cdots\text{②}\end{cases}$$

①を②に代入して

$$3\alpha^2=4\alpha-1 \quad\text{より}\quad 3\alpha^2-4\alpha+1=0$$

$$(3\alpha-1)(\alpha-1)=0 \quad\text{よって，}\ \alpha=\frac{1}{3},\ 1$$

①より，$\alpha=\dfrac{1}{3}$ のとき $k=\dfrac{4}{3}$，$\alpha=1$ のとき $k=4$

ゆえに，$k=\dfrac{4}{3}$ のとき解は $\dfrac{1}{3}$ と 1，

$\qquad k=4$ のとき解は 1 と 3

 考え方
2 つの解の比が $m:n$ ➡ 2 つの解を $m\alpha,\ n\alpha$ とおき
2 つの解の差が d ➡ 2 つの解を $\alpha,\ \alpha+d$ とおき
$\left.\right\}$ 解と係数の関係

例題 37 1つの解が与えられた2次方程式 ★★★

2次方程式 $x^2+ax+b=0$ の1つの解が $1+\sqrt{5}\,i$ であるとき，実数の定数 a，b の値を求めよ。

解 $x=1+\sqrt{5}\,i$ を $x^2+ax+b=0$ に代入して

$(1+\sqrt{5}\,i)^2+a(1+\sqrt{5}\,i)+b=0$

$1+2\sqrt{5}\,i+5i^2+a+\sqrt{5}\,ai+b=0$

$(a+b-4)+\sqrt{5}\,(a+2)i=0$

$a+b-4$，$\sqrt{5}\,(a+2)$ は実数だから

$a+b-4=0$，$\sqrt{5}\,(a+2)=0$

これを解いて　$a=-2$，$b=6$

←（　）+（　）i の形に整理する。

←a，b が実数のとき
$a+bi=0 \iff a=0$，$b=0$

別解 係数が実数だから，$1+\sqrt{5}\,i$ が解のとき $1-\sqrt{5}\,i$ も解である。したがって，解と係数の関係から

$(1+\sqrt{5}\,i)+(1-\sqrt{5}\,i)=-a$，

$(1+\sqrt{5}\,i)(1-\sqrt{5}\,i)=b$

よって，$a=-2$，$b=6$

←解の和と積からも求められる。

考え方 係数が実数の2次方程式 ➡ $p+qi$ が解なら $p-qi$ も解

例題 38 整数を解にもつ2次方程式 ★★★

2次方程式 $x^2-(k-3)x+k+1=0$ の2つの解がともに整数となるように，定数 k の値を定めよ。また，そのときの整数解を求めよ。

解 2つの解を α，β とすると，解と係数の関係から

$\alpha+\beta=k-3$ …①，$\alpha\beta=k+1$ …②

②-①より

$\alpha\beta-\alpha-\beta=4$，$\alpha(\beta-1)-(\beta-1)=5$

$(\alpha-1)(\beta-1)=5$

α，β は整数だから $\alpha-1$，$\beta-1$ の組は次の4通り。

←k を消去して，α，β だけの関係式をつくる。

←（整数）×（整数）=（整数）の形に変形する。

←積が5になる場合を表にするとわかりやすい。

| $\alpha-1$ | 1 | 5 | -1 | -5 |
| $\beta-1$ | 5 | 1 | -5 | -1 |

これより，$(\alpha,\ \beta)$ の組は

$(\alpha,\ \beta)=(2,\ 6),\ (6,\ 2),\ (0,\ -4),\ (-4,\ 0)$

このとき，$k=11$，-1

よって，$k=11$ のとき　$x=2,\ 6$

　　　　$k=-1$ のとき　$x=0,\ -4$

←$(2,\ 6)$，$(6,\ 2)$ のとき
$k=11$
$(0,\ -4)$，$(-4,\ 0)$ のとき
$k=-1$

考え方 2次方程式が整数の解をもつ条件は
解と係数の関係から $\alpha+\beta=○$，$\alpha\beta=△$ ➡ $(\alpha-□)(\beta-■)=$（整数）

例題 **39** 虚数を係数にもつ方程式の実数解　★★

次の方程式を満たす実数 x の値を求めよ。

$$(1+i)x^2-(2+5i)x-3+6i=0$$

解 与式を変形して

$$(x^2-2x-3)+(x^2-5x+6)i=0$$

$x^2-2x-3,\ x^2-5x+6$ は実数だから，

　$x^2-2x-3=0$ …①　かつ　$x^2-5x+6=0$ …②

①より　$(x-3)(x+1)=0$

よって，$x=3,\ -1$

②より　$(x-3)(x-2)=0$

よって，$x=3,\ 2$

ゆえに，①，②が同時に成り立つのは　$x=3$

←実部と虚部に分ける。

←$a,\ b$ が実数のとき
$a+bi=0 \iff a=b=0$

←①と②の共通解を求める。

> **考え方** 虚数 i を含む方程式は $(A)+(B)i=0$ と変形
> ➡ $A=0,\ B=0$ の共通解を求める

例題 **40** 解と係数の関係を利用した連立方程式の解法　★★★

次の連立方程式を解け。

(1) $\begin{cases} x+y=2 \\ xy=-3 \end{cases}$

(2) $\begin{cases} x^2+xy+y^2=-2 \ \cdots① \\ x+y=2 \qquad\qquad \cdots② \end{cases}$

解 (1) $x,\ y$ を2解とする2次方程式は

$$t^2-(x+y)t+xy=0 \quad だから$$

$$t^2-2t-3=0 \quad と表せる。$$

$(t-3)(t+1)=0$ より　$t=3,\ -1$

よって　$(x,\ y)=(3,\ -1),\ (-1,\ 3)$

(2) ①より　$x^2+xy+y^2=(x+y)^2-xy=-2$

これに②を代入して　$4-xy=-2$

したがって　$xy=6$ …③

②，③より，$x,\ y$ を2解とする2次方程式は

$$t^2-2t+6=0 \quad と表せる。$$

これを解いて　$t=1\pm\sqrt{5}\,i$

よって　$(x,\ y)=(1+\sqrt{5}\,i,\ 1-\sqrt{5}\,i),$
　　　　　　　　$(1-\sqrt{5}\,i,\ 1+\sqrt{5}\,i)$

←2数 $x,\ y$ の和 $x+y$ と積 xy の値がわかっているから，$x,\ y$ は
$t^2-(和)t+(積)=0$
の解である。

←$x^2+y^2=(x+y)^2-2xy$

←$x+y=2$ とわかっているから xy の値を求める。

←$x+y=2,\ xy=6$

←組合せは2通り。

> **考え方** ・$x+y$ と xy の基本対称式で表せる連立方　　$t^2-(x+y)t+xy=0$ の2次方程式から
> 　　程式では，解の和 $x+y$ と積 xy を求めて，　　$x,\ y$ を求めることができる。
> $x+y=○,\ xy=●$ のとき ➡ $x,\ y$ は $t^2-○t+●=0$ の解

例題 41　2次方程式の解の配置と解と係数の関係　★★★

2次方程式 $x^2-2kx-k+2=0$ が，次の条件を満たすような定数 k の値の範囲を求めよ。

(1)　2解がともに正　　(2)　2解が異符号　　(3)　2解がともに2より小さい

解 (1)　判別式を D，2解を α，β とすると，2解がともに正であるためには

$D \geqq 0$，$\alpha+\beta>0$，$\alpha\beta>0$　　◀ "異なる2解" とかかれていないときは，重解の場合も含む。

であればよい。

$$\frac{D}{4}=k^2-(-k+2)=k^2+k-2$$
$$=(k+2)(k-1)\geqq 0 \quad より$$

$k\leqq -2,\ 1\leqq k \qquad \cdots ①$

解と係数の関係から

$\alpha+\beta=2k>0 \qquad k>0 \ \cdots ②$

$\alpha\beta=-k+2>0 \quad k<2 \ \cdots ③$

よって，①，②，③の共通範囲を求めて

$\mathbf{1\leqq k<2}$

(2)　2解が異符号であるためには

$\alpha\beta=-k+2<0$　よって，$\boldsymbol{k>2}$

(3)　$\alpha<2$，$\beta<2$ だから　$2-\alpha>0,\ 2-\beta>0$

よって，次の①，④，⑤を満たせばよい。

$D\geqq 0 \qquad\qquad\qquad \cdots ①$

$(2-\alpha)+(2-\beta)>0 \ \cdots ④$

$(2-\alpha)(2-\beta)>0 \quad \cdots ⑤$

④より　$\alpha+\beta<4$

$\qquad\quad 2k<4 \qquad よって，k<2 \quad \cdots ④'$

⑤より　$\alpha\beta-2(\alpha+\beta)+4>0$

$\qquad\quad -k+2-2\cdot 2k+4>0$

$\qquad\quad -5k>-6 \quad よって，k<\dfrac{6}{5} \ \cdots ⑤'$

①，④'，⑤' の共通範囲を求めて

$$k\leqq -2,\ 1\leqq k<\frac{6}{5}$$

▶2次方程式の実数解の符号◀

$ax^2+bx+c=0 \ (a\neq 0)$ の判別式を D，2解を α，β とすると

・2解がともに正
　$\Longleftrightarrow D\geqq 0,\ \alpha+\beta>0,\ \alpha\beta>0$

・2解がともに負
　$\Longleftrightarrow D\geqq 0,\ \alpha+\beta<0,\ \alpha\beta>0$

・2解が異符号
　$\Longleftrightarrow \alpha\beta<0$

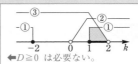

◀ $D\geqq 0$ は必要ない。

◀ α，β が2より小さいという関係式を使って④，⑤を表すことが大切。

◀ (正)＋(正)<0
　(正)×(正)>0

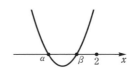

$\alpha<2,\ \beta<2$ より
$2-\alpha>0,\ 2-\beta>0$

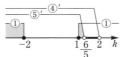

考え方

・2次方程式の解の正負や大小を決定する問題は，2次関数のグラフの利用もある。

・解と係数の関係を使う場合は判別式 D と解 α，β の和と積を考える。

α，β が t より $\begin{cases} 大きいときは & \Rightarrow\ \alpha-t>0,\ \beta-t>0 \\ 小さいときは & \Rightarrow\ \alpha-t<0,\ \beta-t<0 \end{cases}$ として考える。

8 剰余の定理・因数定理

例題 42 剰余の定理 ★

整式 $P(x)=2x^3+5x^2-x-3$ を $x+1$, $x-2$, $2x-1$ で割ったときの余りをそれぞれ求めよ。

解 $x+1$ で割ったときの余りは

$$P(-1)=2\cdot(-1)^3+5\cdot(-1)^2-(-1)-3=1$$

$x-2$ で割ったときの余りは

$$P(2)=2\cdot2^3+5\cdot2^2-2-3=31$$

$2x-1$ で割ったときの余りは

$$P\left(\frac{1}{2}\right)=2\left(\frac{1}{2}\right)^3+5\left(\frac{1}{2}\right)^2-\frac{1}{2}-3=-2$$

▶剰余の定理◀

整式 $P(x)$ を
$x-\alpha$ で割ったときの余りは
$$P(\alpha)$$
$ax+b$ で割ったときの余りは
$$P\left(-\frac{b}{a}\right)$$

考え方 $P(x)$ を $x-\alpha$ で割った余り R は ➡ 割り算しないで $R=P(\alpha)$ (剰余の定理)

例題 43 因数定理 (1) ★

$x-1$, $x+1$, $2x-3$ のうち，整式 $P(x)=2x^3-7x^2+9$ の因数はどれか。

解 $P(1)=2\cdot1^3-7\cdot1^2+9=4\neq0$

よって，$x-1$ は因数でない。

$$P(-1)=2\cdot(-1)^3-7\cdot(-1)^2+9=0$$

よって，$x+1$ は因数である。

$$P\left(\frac{3}{2}\right)=2\cdot\left(\frac{3}{2}\right)^3-7\cdot\left(\frac{3}{2}\right)^2+9=\frac{27-63+36}{4}=0$$

よって，$2x-3$ は因数である。

◀$P(x)$ を $x-1$ で割った余りは 4

◀$P(x)$ は $x+1$ で割り切れる。

◀$P(x)$ を $2x-3$ で割った余りは $P\left(\frac{3}{2}\right)$

考え方 $P(x)$ が $x-\alpha$ を因数にもつ $\Longleftrightarrow$ $P(\alpha)=0$ $\left(ax+b$ が因数 $\Longleftrightarrow P\left(-\frac{b}{a}\right)=0\right)$

例題 44 因数定理 (2) ★★

整式 $P(x)=x^3+2x^2+ax+b$ が x^2+x-6 で割り切れるように定数 a, b の値を定めよ。

解 $x^2+x-6=(x+3)(x-2)$ より，$P(x)$ が $x+3$ と $x-2$ の両方で割り切れればよい。したがって

$$P(-3)=-27+18-3a+b=0$$ より

$$-3a+b=9 \quad \cdots①$$

$$P(2)=8+8+2a+b=0$$ より

$$2a+b=-16 \quad \cdots②$$

①，②を解いて $a=-5$, $b=-6$

◀整数 a が $6=2\times3$ で割り切れるためには，a は 2 でも 3 でも割り切れればよい。整式の場合も同様に考える。

考え方 $P(x)$ が $(x-\alpha)(x-\beta)$ で割り切れるなら $x-\alpha$, $x-\beta$ でも割り切れる

例題 45 剰余の定理の利用(1) ★★

整式 $P(x)$ を $x+2$ で割ると 6 余り，$x-5$ で割ると -1 余る。このとき，$P(x)$ を $(x+2)(x-5)$ で割ったときの余りを求めよ。

解 $P(x)$ を $(x+2)(x-5)$ で割ったときの商を $Q(x)$，

余りを $ax+b$ とおくと

$\quad P(x)=(x+2)(x-5)Q(x)+ax+b$

条件より

$\quad P(-2)=-2a+b=6$ …①

$\quad P(5)=5a+b=-1$ …②

①，②を解いて $a=-1$，$b=4$

よって，求める余りは $-x+4$

← $x+2$ で割った余りが 6
$P(-2)=6$
$x-5$ で割った余りが -1
$P(5)=-1$

考え方 （2次式）で割った余りは ➡ $P(x)=(2次式)Q(x)+ax+b$ とおく
$(x-\alpha)(x-\beta)$ で割った余りは ➡ $P(\alpha)$，$P(\beta)$ で式をつくる

例題 46 剰余の定理の利用(2) ★★★

整式 $P(x)$ を $x-2$ で割ると 9 余り，x^2+4x+3 で割ると $-x-4$ 余る。このとき，$P(x)$ を x^2+x-6 で割った余りを求めよ。

解 $P(x)$ を x^2+4x+3 で割ったときの商を $Q_1(x)$ とすると

$\quad P(x)=(x^2+4x+3)Q_1(x)-x-4$

$\quad\quad =(x+3)(x+1)Q_1(x)-x-4$ …①

$P(x)$ を x^2+x-6 で割った商を $Q_2(x)$，余りを $ax+b$ とすると

$\quad P(x)=(x^2+x-6)Q_2(x)+ax+b$

$\quad\quad =(x-2)(x+3)Q_2(x)+ax+b$ …②

$x-2$ で割った余りが 9 だから $P(2)=9$

①に $x=-3$ を代入して

$\quad P(-3)=-(-3)-4=-1$

②に $x=2$，-3 を代入して

$\quad P(2)=2a+b=9$ …③

$\quad P(-3)=-3a+b=-1$ …④

③，④を解いて $a=2$，$b=5$

よって，求める余りは $2x+5$

← x^2+4x+3 を
$=(x+1)(x+3)$ と因数分解。
$x+3$ で割った余りが求められる。

← x^2+x-6
$=(x-2)(x+3)$
と因数分解できるから
$x-2$ と $x+3$
で割った余りを求める。

考え方 2次式 B で割ったときの余りの問題 ➡ $B=(x-\alpha)(x-\beta)$ と因数分解し，$x=\alpha$，$x=\beta$ の代入を考える

例題 **47** 3次式で割ったときの余り ★★★

整式 $P(x)$ を x^2+1 で割ると $2x+1$ 余り，$x-1$ で割ると 7 余る。このとき $P(x)$ を $(x^2+1)(x-1)$ で割った余りを求めよ。

解 $P(x)$ を $(x^2+1)(x-1)$ で割ったときの商を $Q(x)$，余りを ax^2+bx+c とおくと

$$P(x)=(x^2+1)(x-1)Q(x)+ax^2+bx+c \quad \cdots ①$$

$P(x)$ を x^2+1 で割った余りは，〜〜〜部分が x^2+1 で割り切れるから，ax^2+bx+c を x^2+1 で割った余りに等しい。

右の計算から

$$bx+c-a=2x+1$$

両辺の係数を比較して

$$b=2, \quad c-a=1 \quad\quad\quad\quad\quad \cdots ②$$

また，$P(1)=7$ だから，①より

$$P(1)=a+b+c=7 \quad\quad\quad\quad \cdots ③$$

②，③を解いて $a=2$, $b=2$, $c=3$

よって，求める余りは $\boldsymbol{2x^2+2x+3}$

$$\begin{array}{r} a \\ x^2+1{\overline{\smash{\big)}\,ax^2+bx+c}} \\ \underline{ax^2+a} \\ bx+c-a \end{array}$$

←$P(x)$ を $x-1$ で割った余りが 7 だから，$P(1)=7$

別解 $P(x)=(x^2+1)(x-1)Q(x)+ax^2+bx+c$ とおくと，

$P(x)$ を x^2+1 で割った余りが $2x+1$ だから

$ax^2+bx+c=a(x^2+1)+2x+1$ と表せる。

$$P(x)=(x^2+1)(x-1)Q(x)+a(x^2+1)+2x+1$$

として，$x-1$ で割った余りが 7 だから

$$P(1)=2a+3=7 \quad より \quad a=2$$

よって，求める余りは

$$2(x^2+1)+2x+1=\boldsymbol{2x^2+2x+3}$$

←$P(x)$ を x^2+1 で割ると 〜〜〜部分は割り切れるから，余り $2x+1$ は次のように ax^2+bx+c を割ったときにでてくる。

$$\begin{array}{r} a \\ x^2+1{\overline{\smash{\big)}\,ax^2+bx+c}} \\ \underline{ax^2+a} \\ bx+c-a \end{array}$$

別解 $P(x)=(x^2+1)(x-1)Q(x)+ax^2+bx+c \quad \cdots ①$

$P(x)=(x^2+1)R(x)+2x+1 \quad\quad\quad\quad\quad\quad \cdots ④$

だから，①，④の x に $x=i$ を代入すると

$$P(i)=ai^2+bi+c=2i+1 \quad より$$

$$(-a+c)+bi=1+2i$$

a, b, c は実数だから

$$-a+c=1 \quad かつ \quad b=2$$

という方法で②と同じ結果を導くことができる。

←剰余の定理は虚数を代入しても成り立つ。

←②と同じ式が得られる。

考え方 余りを求める問題 ➡

・2次式で割った余りは1次式 $ax+b$

・3次式で割った余りは2次式 ax^2+bx+c
とおいて考えるのが基本

◀ 9 ▶ 高次方程式

例題 48 高次式の因数分解 ★★

x^3+x^2-5x+3 を因数分解せよ。

解 $P(x)=x^3+x^2-5x+3$ とおくと

$P(1)=1^3+1^2-5\cdot1+3=0$ より

$P(x)$ は $x-1$ を因数にもつ。

よって，右の計算から

$x^3+x^2-5x+3=(x-1)(x^2+2x-3)$

$\qquad\qquad\qquad =(x-1)^2(x+3)$

```
1| 1   1  -5   3
 |     1   2  -3
   1   2  -3 | 0
```
（組立除法）

▶組立除法◀

整式を1次式で割ったときの商と余り
を同時に求める簡便な計算方法
例 $(2x^3+6x^2+1)\div(x+2)$
　右のように計算すると
　商は $2x^2+2x-4$，余りは9

割る式 $x+2$ が0と　→　$\boxed{-2}$
なる x の値

↓ そのまま下ろす
↗ $\times\boxed{-2}$

```
 -2| 2   6   0   1
  +|    -4  -4   8
    2   2  -4   9
        商の係数    ↑余り
```

例題 49 3次方程式の解法 ★★

次の3次方程式を解け。

(1) $x^3-3x^2-10x+24=0$ 　　　(2) $2x^3-5x^2-10x+6=0$

解 (1) $P(x)=x^3-3x^2-10x+24$ とおくと

$P(2)=8-12-20+24=0$

より，$P(x)$ は $x-2$ を因数にもつ。

$P(x)=(x-2)(x^2-x-12)$

$\qquad =(x-2)(x+3)(x-4)=0$

よって，$x=-3,\ 2,\ 4$

```
2| 1  -3  -10  24
 |     2   -2 -24
   1  -1  -12 | 0
```

(2) $P(x)=2x^3-5x^2-10x+6$ とおくと

$P\left(\dfrac{1}{2}\right)=2\left(\dfrac{1}{2}\right)^3-5\left(\dfrac{1}{2}\right)^2-10\cdot\dfrac{1}{2}+6=0$

より，$P(x)$ は $2x-1$ を因数にもつ。

$P(x)=(2x-1)(x^2-2x-6)=0$

$2x-1=0$ または $x^2-2x-6=0$

よって，$x=\dfrac{1}{2},\ 1\pm\sqrt{7}$

←$P\left(\dfrac{1}{2}\right)=\dfrac{1}{4}-\dfrac{5}{4}-5+6=0$

```
1/2| 2  -5  -10   6
   |     1   -2  -6
     2  -4  -12 | 0
```

←組立除法から

$P(x)=\left(x-\dfrac{1}{2}\right)(2x^2-4x-12)$

$\qquad =(2x-1)(x^2-2x-6)$

・3次以上の方程式は左辺を $P(x)$ とおき，
　$P(\alpha)=0$ となる α（解の1つ）を見つける。
・(1)は，α は定数項の約数を考える。

・(2)は x^3 の係数2と定数項6に着目し
　$\pm\dfrac{6\,\text{の約数}}{2\,\text{の約数}}=\pm\dfrac{1}{2},\ \pm\dfrac{3}{2},\ \cdots$を代入する。

高次方程式 $P(x)=0$ ➡ 因数定理で $P(\alpha)=0$ となる α を見つける

例題 **50**　4次方程式の解法(1)【因数定理】　★★

4次方程式 $x^4-4x^3-x^2+16x-12=0$ を解け。

解　$P(x)=x^4-4x^3-x^2+16x-12$ とおくと

　　$P(1)=1-4-1+16-12=0$

　　$P(2)=16-32-4+32-12=0$

　より，$P(x)$ は $(x-1)(x-2)$ を因数にもつ。

　　$P(x)=(x-1)(x-2)(x^2-x-6)$

　　　　　$=(x-1)(x-2)(x+2)(x-3)=0$

　よって，$x=-2,\ 1,\ 2,\ 3$

1	1	-4	-1	16	-12
		1	-3	-4	12
2	1	-3	-4	12	0
		2	-2	-12	
	1	-1	-6	0	

（組立除法）

考え方　4次方程式 $P(x)=0$ ➡ はじめに $P(\alpha)=0,\ P(\beta)=0$ となる α と β を求め，$(x-\alpha)(x-\beta)(x\text{の2次式})=0$ とする

例題 **51**　4次方程式の解法(2)【複2次式】　★★★

次の4次方程式を解け。

(1)　$x^4-x^2-20=0$　　　　　　　　(2)　$x^4-8x^2+4=0$

解　(1)　$x^2=t$ とおくと，$x^4=(x^2)^2=t^2$ より

　　　$t^2-t-20=0$

　　　$(t-5)(t+4)=0$

　　　$t=5,\ -4$

　　　$t=5$　すなわち　$x^2=5$ のとき　$x=\pm\sqrt{5}$

　　　$t=-4$　すなわち　$x^2=-4$ のとき

　　　　$x=\pm\sqrt{-4}=\pm2i$

　　　よって，$x=\pm\sqrt{5},\ \pm2i$

←$x^2=t$ とおくと t の2次方程式になる。

(2)　$x^4-8x^2+4=0$

　　　$(x^4-4x^2+4)-4x^2=0$

　　　$(x^2-2)^2-(2x)^2=0$

　　　$\{(x^2-2)-2x\}\{(x^2-2)+2x\}=0$

　　　$(x^2-2x-2)(x^2+2x-2)=0$

　　　$x^2-2x-2=0$ より　$x=1\pm\sqrt{3}$

　　　$x^2+2x-2=0$ より　$x=-1\pm\sqrt{3}$

　　　よって，$x=1\pm\sqrt{3},\ -1\pm\sqrt{3}$

←平方の差 $(\ \ )^2-(\ \ )^2$ に変形。
（参考）
$x^4-8x^2+4=0$ を
$x^2=t$ とおくと
$t^2-8t+4=0$
$t=4\pm\sqrt{12}=4\pm2\sqrt{3}$
$x^2=4\pm2\sqrt{3}$ だから
　$x=\pm\sqrt{4\pm2\sqrt{3}}$
よって，$x=\pm(\sqrt{3}\pm1)$（複号任意）としても解けるが大変である。

考え方　$x^4+px^2+q=0$ ➡ ・$x^2=t$ とおいて t の2次方程式に
・$(x^2\pm\bigcirc)^2-\bullet^2$ と変形して，因数分解

27

例題 52　4次方程式の解法(3)【置きかえ】　★★★

4次方程式 $x(x+1)(x-2)(x-3)-4=0$ を解け。

解
$x(x+1)(x-2)(x-3)-4=0$

$(x^2-2x)(x^2-2x-3)-4=0$

$x^2-2x=t$ とおくと

$t(t-3)-4=0$, $t^2-3t-4=0$

$(t+1)(t-4)=0$ より $t=-1$, 4

$t=-1$ のとき $x^2-2x=-1$

$(x-1)^2=0$ より $x=1$(重解)

$t=4$ のとき $x^2-2x=4$

$x^2-2x-4=0$ より $x=1\pm\sqrt{5}$

よって，$x=1$(重解)，$1\pm\sqrt{5}$

$$\overset{x^2-2x}{\overbrace{x(x+1)(x-2)(x-3)}}$$
$$\underset{x^2-2x-3}{\underbrace{}}$$

同じ項が出てくれば1つの文字で置きかえることができるから，同じ項が出るように積の組合せを考える。

考え方　4次方程式 ➡ (x^2 を含む式)$=t$ とする置きかえを考える

例題 53　相反方程式　★★★★

$t=x+\dfrac{1}{x}$ とおいて，4次方程式 $x^4-4x^3+5x^2-4x+1=0$ を解け。

解　$x^4-4x^3+5x^2-4x+1=0$ は $x=0$ を解にもたないから，両辺を x^2 $(x\neq0)$ で割ると

$x^2-4x+5-\dfrac{4}{x}+\dfrac{1}{x^2}=0$

$\left(x+\dfrac{1}{x}\right)^2-2-4\left(x+\dfrac{1}{x}\right)+5=0$

$t=x+\dfrac{1}{x}$ とおくと $t^2-4t+3=0$

$(t-1)(t-3)=0$ より $t=1$, 3

$x+\dfrac{1}{x}=1$ のとき $x^2-x+1=0$ より

$x=\dfrac{1\pm\sqrt{3}\,i}{2}$

$x+\dfrac{1}{x}=3$ のとき $x^2-3x+1=0$ より

$x=\dfrac{3\pm\sqrt{5}}{2}$

よって，$x=\dfrac{1\pm\sqrt{3}\,i}{2}$, $\dfrac{3\pm\sqrt{5}}{2}$

◀係数が中央の項を中心にして，1，-4，5，-4，1 と，左右対称になっている方程式を相反方程式という。

◀$x^2+\dfrac{1}{x^2}=\left(x+\dfrac{1}{x}\right)^2-2$

の変形が重要。

◀$x+\dfrac{1}{x}=1$ の両辺に x を掛けて解く。

◀$x+\dfrac{1}{x}=3$ の両辺に x を掛けて解く。

考え方　相反方程式 ➡ 両辺を x^2 で割って，$t=x+\dfrac{t}{x}$ とおく

方程式 $x^3=1$ の虚数解の1つを ω とするとき，次のことを証明せよ。

(1) $x^3=1$ の解は1，ω，ω^2 (2) $\omega^3=1$，$\omega^2+\omega+1=0$

解 (1) $x^3=1$ …① とする。

①より $x^3-1=(x-1)(x^2+x+1)=0$

よって，$x=1$ または $x^2+x+1=0$ …②

②を解くと $\dfrac{-1\pm\sqrt{3}\,i}{2}$

$\omega=\dfrac{-1+\sqrt{3}\,i}{2}$ のとき

$\omega^2=\left(\dfrac{-1+\sqrt{3}\,i}{2}\right)^2=\dfrac{1-2\sqrt{3}\,i+3i^2}{4}=\dfrac{-1-\sqrt{3}\,i}{2}$

$\omega=\dfrac{-1-\sqrt{3}\,i}{2}$ のとき

$\omega^2=\left(\dfrac{-1-\sqrt{3}\,i}{2}\right)^2=\dfrac{1+2\sqrt{3}\,i+3i^2}{4}=\dfrac{-1+\sqrt{3}\,i}{2}$

よって，どちらの場合も $x^3=1$ の解は1，ω，ω^2 である。（終）

(2) ω は①の解だから $\omega^3=1$

ω は①の虚数解だから，ω は②の解である。

よって $\omega^2+\omega+1=0$ （終）

← a^3-b^3
$=(a-b)(a^2+ab+b^2)$

← $\omega=\dfrac{-1+\sqrt{3}\,i}{2}$ のとき
$\omega^2=\dfrac{-1-\sqrt{3}\,i}{2}$

← $\omega=\dfrac{-1-\sqrt{3}\,i}{2}$ のとき
$\omega^2=\dfrac{-1+\sqrt{3}\,i}{2}$

←解 ω をもとの方程式 $x^2+x+1=0$ に代入すれば成り立つ。

参考 たとえば，$\omega=\dfrac{-1+\sqrt{3}\,i}{2}$ のとき

$\omega^2+\omega+1=\left(\dfrac{-1+\sqrt{3}\,i}{2}\right)^2+\dfrac{-1+\sqrt{3}\,i}{2}+1$

$=\dfrac{-1-\sqrt{3}\,i}{2}+\dfrac{-1+\sqrt{3}\,i}{2}+1=0$

が示される。

$\omega^3=1$ や $\omega=\dfrac{-1-\sqrt{3}\,i}{2}$ のときも同様に計算できる。

考え方
- $x^3=1$ の解を1の3乗根（立方根）という。
- 1の3乗根は1，$\dfrac{-1+\sqrt{3}\,i}{2}$，$\dfrac{-1-\sqrt{3}\,i}{2}$ であり，ω を用いて1，ω，ω^2 と表せる。

- $\omega=\dfrac{-1+\sqrt{3}\,i}{2}$ とおくと $\omega^2=\dfrac{-1-\sqrt{3}\,i}{2}$

$\omega=\dfrac{-1-\sqrt{3}\,i}{2}$ とおくと $\omega^2=\dfrac{-1+\sqrt{3}\,i}{2}$

となる。

立方根 $x^3=1$
$(x-1)(x^2+x+1)=0$ の虚数解 ➡

- 一方を ω とすると，もう一方は ω^2
- $\omega^3=1$，$\omega^2+\omega+1=0$ が成り立つ

例題 55 ωの計算 ★★★

1の3乗根のうち，虚数であるものの1つを ω とする。次の式の値を求めよ。

(1) ω^{18} (2) $\omega^8+\omega^4+1$ (3) $(\omega^2-\omega+1)(\omega^2-\omega-1)$

解 (1) $\omega^3=1$ より $\omega^{18}=(\omega^3)^6=1^6=1$

(2) $\omega^3=1,\ \omega^2+\omega+1=0$ より

$\omega^8+\omega^4+1=(\omega^3)^2\cdot\omega^2+\omega^3\cdot\omega+1$

$=\omega^2+\omega+1=0$

(3) $\omega^2+\omega+1=0$ より

$\omega^2=-\omega-1$ を代入すると

$(\omega^2-\omega+1)(\omega^2-\omega-1)$

$=(-\omega-1-\omega+1)(-\omega-1-\omega-1)$

$=-2\omega(-2\omega-2)$

$=4(\omega^2+\omega)=4\cdot(-1)=-4$

▸虚数解 ω の性質◂
$x^3=1$ の虚数解の1つを ω とすると
$x^3=1$ の解は 1, ω, ω^2
$\omega^3=1,\ \omega^2+\omega+1=0$

←$\omega^2+\omega=-1$ を代入。

考え方 $x^3=1$ の虚数解 ω に関する問題 ➡ $\omega^3=1,\ \omega^2+\omega+1=0$ で次数を下げる

例題 56 3次方程式の解と係数決定 ★★

3次方程式 $x^3+ax^2-5x+b=0$ が 3 と -2 を解にもつとき，定数 a, b の値と残りの解を求めよ。

解 $x=3,\ -2$ が解だから代入すると

$x=3$ のとき $27+9a-15+b=0$ より

$9a+b=-12$ …①

$x=-2$ のとき $-8+4a+10+b=0$ より

$4a+b=-2$ …②

①，②を解いて $a=-2,\ b=6$

このとき，方程式は $x^3-2x^2-5x+6=0$

$(x-3)(x+2)(x-1)=0$ より $x=3,\ -2,\ 1$

よって，残りの解は $x=1$

別解 残りの解を α とおくと，3次方程式の解と係数の関係（例題61）から

$3-2+\alpha=-a$ …①

$3\cdot(-2)+(-2)\cdot\alpha+\alpha\cdot3=-5$ …②

$3\cdot(-2)\cdot\alpha=-b$ …③

②より $\alpha=1$

①，③に代入して $a=-2,\ b=6$

←方程式 $P(x)=0$ の解が $x=\alpha$ のとき，$P(\alpha)=0$ が成り立つ。

←もとの方程式に a, b を代入して考える。

←$x^3+ax^2-5x+b=0$ の3つの解を 3, -2, α として解と係数の関係にあてはめる。

←$x^3+px^2+qx+r=0$ の解が α, β, γ
$\iff \begin{cases}\alpha+\beta+\gamma=-p\\ \alpha\beta+\beta\gamma+\gamma\alpha=q\\ \alpha\beta\gamma=-r\end{cases}$

考え方 方程式 $P(x)=0$ の解が $x=\alpha$ ➡ $x=\alpha$ を代入して $P(\alpha)=0$ が成り立つ

例題 57 　**3次方程式が2重解をもつとき**　　　★★

　3次方程式 $x^3+ax^2+bx-a-1=0$ が2重解 $x=-2$ をもつように定数 a, b の値を定め，残りの解を求めよ。

解　3次方程式の残りの解を $x=p$ とすると

　　$x=-2$ を2重解にもつから

　　　$x^3+ax^2+bx-a-1=(x+2)^2(x-p)$

　が成り立つ。(ただし，$p \neq -2$)

　　右辺を展開して整理すると

$x^3+ax^2+bx-a-1=x^3+(4-p)x^2+(4-4p)x-4p$

　　両辺の係数を比較して

　　　$a=4-p$, $b=4-4p$, $-a-1=-4p$

　　これより $p=1$, $a=3$, $b=0$, 残りの解は $x=1$

◀$x=\alpha$ を重解にもつ3次方程式は
　　$(x-\alpha)^2(x-\beta)=0$
と因数分解できる。

◀恒等式 (p.35) の考えで係数を比較する。

別解　残りの解を $x=p$ とすると，3次方程式の解と係数の関係 (例題61) から

　　　$(-2)+(-2)+p=-a$,

　　　$(-2)\cdot(-2)+(-2)\cdot p+p\cdot(-2)=b$,

　　　$(-2)\cdot(-2)\cdot p=a+1$

　　整理して　$p-4=-a$, $-4p+4=b$, $4p=a+1$

　　これを解いて　$a=3$, $b=0$, 残りの解は　$x=1$

◀$x^3+ax^2+bx-a-1=0$
の3つの解を -2, -2, p として解と係数の関係にあてはめる。

考え方　$x^3+ax^2+bx+c=0$ が $x=\alpha$ を重解にもつとき　➡　$(x-\alpha)^2(x-\beta)=0$ と因数分解できる

例題 58 　**3つの解が与えられた3次方程式**　　　★★

　3次方程式 $x^3+px^2+qx+r=0$ が，-1, $2+\sqrt{3}$, $2-\sqrt{3}$ を解にもつように定数 p, q, r の値を定めよ。

解　与えられた3数を解にもつ x^3 の係数が1の3次方程式は

　　　$(x+1)\{x-(2+\sqrt{3})\}\{x-(2-\sqrt{3})\}=0$

　とおける。左辺を展開して

　　　$(x+1)(x^2-4x+1)=0$　　　$x^3-3x^2-3x+1=0$

　　これが，$x^3+px^2+qx+r=0$ と一致すればよいから

　　係数を比較して　$p=-3$, $q=-3$, $r=1$

◀α, β, γ を解にもつ3次方程式は
　　$(x-\alpha)(x-\beta)(x-\gamma)=0$
と表せる。

別解　3次方程式の解と係数の関係 (例題61) から

$$\begin{cases} -1+(2+\sqrt{3})+(2-\sqrt{3})=-p \\ -1\cdot(2+\sqrt{3})+(2+\sqrt{3})(2-\sqrt{3})+(2-\sqrt{3})\cdot(-1)=q \\ -1\cdot(2+\sqrt{3})(2-\sqrt{3})=-r \end{cases}$$

　　よって　$p=-3$, $q=-3$, $r=1$

考え方　α, β, γ を解にもつ3次方程式　➡　$(x-\alpha)(x-\beta)(x-\gamma)=0$

例題 **59** **3次方程式の実数解の個数** ★★★

3次方程式 $x^3-(a+1)x^2+3ax-2a=0$ …① について，次の問いに答えよ。

(1) ①の左辺を因数分解せよ。

(2) ①の異なる実数解の個数を実数の定数 a の値によって判別せよ。

解 (1) $P(x)=x^3-(a+1)x^2+3ax-2a$

とおくと

$$P(1)=1-(a+1)+3a-2a=0$$

より，$P(x)$ は $x-1$ を因数にもつ。

よって

$$P(x)=(x-1)(x^2-ax+2a)$$

$\underline{1}$	1	$-a-1$	$3a$	$-2a$
		1	$-a$	$2a$
	1	$-a$	$2a$	0

(2) (1)より $(x-1)(x^2-ax+2a)=0$

よって，$x=1$ または $x^2-ax+2a=0$ …②

②の判別式を D とすると

$$D=(-a)^2-8a=a(a-8)$$

これから，②は

$D>0$ すなわち $a<0,\ 8<a$ のとき，

異なる2つの実数解をもつ。

$D=0$ すなわち $a=0,\ 8$ のとき，重解をもつ。

$D<0$ すなわち $0<a<8$ のとき，実数解はない。

また，②が $x=1$ を解にもつのは

$$1-a+2a=0 \quad すなわち \quad a=-1$$

のときである。

以上から，①の実数解の個数は

$$\begin{cases} a<-1,\ -1<a<0,\ 8<a \quad のとき 3個 \\ a=-1,\ 0,\ 8 \qquad\qquad\quad のとき 2個 \\ 0<a<8 \qquad\qquad\qquad\quad のとき 1個 \end{cases}$$

←$x^2-ax+2a=0$
  が $x=1$ を解にもつ場合を調べる。

←$a=-1$ のとき
  $(x-1)(x^2+x-2)=0$
  $(x-1)(x-1)(x+2)=0$
  重解となる。
  $a=0$ のとき
  $(x-1)x^2=0$
  重解
  $a=8$ のとき
  $(x-1)(x^2-8x+16)=0$
  $(x-1)(x-4)^2=0$
  重解

別解 (1) 次数の低い a について整理して因数分解する

こともできる。

$$\begin{aligned} & x^3-(a+1)x^2+3ax-2a \\ &=(-x^2+3x-2)a+(x^3-x^2) \\ &=-(x-1)(x-2)a+x^2(x-1) \\ &=(x-1)\{-(x-2)a+x^2\} \\ &=(x-1)(x^2-ax+2a) \end{aligned}$$

考え方

$(x-\alpha)(x^2+px+q)=0$ の解 ➡ $\begin{cases} \cdot (x-\alpha)(x-\beta)(x-\gamma)=0 \\ \cdot (x-\alpha)^2(x-\beta)=0 \\ \cdot (x-\alpha)^3=0 \end{cases}$ の3パターン

3次方程式 $x^3+ax^2+bx+15=0$ の1つの解が $2-i$ であるとき，実数の定数 a，b の値を求め，残りの解を求めよ。

解　$x=2-i$ が解だから，代入して　　　　　　　　←解を代入すれば成り立つ。

$(2-i)^3+a(2-i)^2+b(2-i)+15=0$

$(3a+2b+17)-(4a+b+11)i=0$　　　　　　　←複素数の計算では実部と虚部
を分けて

$3a+2b+17$，$4a+b+11$ は実数だから　　　　（　）+（　）$i=0$ と変形する。

$$\begin{cases} 3a+2b+17=0 \cdots ① \\ 4a+b+11=0 \cdots ② \end{cases}$$

①，②を解いて　$a=-1$，$b=-7$

このとき，与式は　$x^3-x^2-7x+15=0$　　　←$P(-3)=-27-9+21+15=0$

$(x+3)(x^2-4x+5)=0$ より　$x=-3$，$2\pm i$

よって，残りの解は　$x=-3$，$2+i$

別解　係数が実数だから $2-i$ が解のとき，$2+i$ も解である。残りの解を α とすると，解と係数の関係（例題

61）から　　　　　　　　　　　　　　　　←$2-i$ の $-i$ では，解の公式
$x=\dfrac{-b\pm\sqrt{b^2-4ac}}{2}$ の

$$\begin{cases} \alpha+(2+i)+(2-i)=-a \\ \alpha(2+i)+(2+i)(2-i)+(2-i)\alpha=b \\ \alpha(2+i)(2-i)=-15 \end{cases}$$

$-\sqrt{b^2-4ac}$ の部分なので，
$2+i$ も解になる。

整理して　$\alpha+4=-a$，$4\alpha+5=b$，$5\alpha=-15$

これを解いて　$\alpha=-3$，$a=-1$，$b=-7$

よって，残りの解は　$x=-3$，$2+i$

別解　係数が実数だから，$2-i$ が解のとき，$2+i$ も解である。

解の和は　$(2-i)+(2+i)=4$

解の積は　$(2-i)(2+i)=4-i^2=5$　　　　←2数の和と積がわかれば
x^2-（和）$x+$（積）$=0$

よって，与えられた方程式は　$x^2-4x+5=0$

を因数にもつから，右の割り算は余りが0である。

ゆえに

$4a+b+11=0$，$5a+5=0$

これを解いて　$a=-1$，$b=-7$

残りの解は　$(x^2-4x+5)(x+3)=0$ より

$x=-3$，$2+i$

$$\begin{array}{r} x+(a+4) \\ x^2-4x+5\,)\overline{\,x^3+ax^2+bx+15\,} \\ \underline{x^3-4x^2+5x} \\ (a+4)x^2+(b-5)x+15 \\ \underline{(a+4)x^2-4(a+4)x+5(a+4)} \\ (4a+b+11)x-(5a+5) \end{array}$$

考え方　$p+qi$ を解にもつ
方程式の係数決定　➡　
・基本は $p+qi$ を方程式に代入して
$(A)+(B)i=0$ とし，$A=0$ かつ $B=0$ を解く
・$p\pm qi$ がペアで解になることの利用も有効

例題 61 3次方程式の解と係数の関係 ★★★

3次方程式 $x^3-x^2+2x+4=0$ の3つの解を α, β, γ とするとき，次の式の値を求めよ。

(1) $\alpha+\beta+\gamma$, $\alpha\beta+\beta\gamma+\gamma\alpha$, $\alpha\beta\gamma$　　(2) $\alpha^2+\beta^2+\gamma^2$

(3) $\dfrac{\alpha\beta}{\gamma}+\dfrac{\beta\gamma}{\alpha}+\dfrac{\gamma\alpha}{\beta}$　　(4) $(\alpha+\beta)(\beta+\gamma)(\gamma+\alpha)$　　(5) $\alpha^3+\beta^3+\gamma^3$

解 (1) 3次方程式の解と係数の関係から

$\alpha+\beta+\gamma=1$, $\alpha\beta+\beta\gamma+\gamma\alpha=2$, $\alpha\beta\gamma=-4$

(2) $\alpha^2+\beta^2+\gamma^2$

$=(\alpha+\beta+\gamma)^2-2(\alpha\beta+\beta\gamma+\gamma\alpha)$

$=1^2-2\cdot2=-3$

(3) $\dfrac{\alpha\beta}{\gamma}+\dfrac{\beta\gamma}{\alpha}+\dfrac{\gamma\alpha}{\beta}=\dfrac{(\alpha\beta)^2+(\beta\gamma)^2+(\gamma\alpha)^2}{\alpha\beta\gamma}$

$=\dfrac{(\alpha\beta+\beta\gamma+\gamma\alpha)^2-2\alpha\beta\gamma(\alpha+\beta+\gamma)}{\alpha\beta\gamma}$

$=\dfrac{2^2-2\cdot(-4)\cdot1}{-4}=-3$

(4) $(\alpha+\beta)(\beta+\gamma)(\gamma+\alpha)=(1-\gamma)(1-\alpha)(1-\beta)$

$=1-(\alpha+\beta+\gamma)+(\alpha\beta+\beta\gamma+\gamma\alpha)-\alpha\beta\gamma$

$=1-1+2-(-4)=6$

(5) $\alpha^3+\beta^3+\gamma^3-3\alpha\beta\gamma$

$=(\alpha+\beta+\gamma)(\alpha^2+\beta^2+\gamma^2-\alpha\beta-\beta\gamma-\gamma\alpha)$ より

$\alpha^3+\beta^3+\gamma^3$

$=(\alpha+\beta+\gamma)\{(\alpha^2+\beta^2+\gamma^2)$

$-(\alpha\beta+\beta\gamma+\gamma\alpha)\}+3\alpha\beta\gamma$

$=1\cdot(-3-2)+3\cdot(-4)=-17$

別解 α, β, γ は $x^3-x^2+2x+4=0$ の解だから

$\alpha^3-\alpha^2+2\alpha+4=0$ すなわち

$\alpha^3=\alpha^2-2\alpha-4$ …① が成り立ち，同様に

$\beta^3=\beta^2-2\beta-4$ …②

$\gamma^3=\gamma^2-2\gamma-4$ …③ が成り立つ。

①，②，③を辺々加えると

$\alpha^3+\beta^3+\gamma^3=\alpha^2+\beta^2+\gamma^2-2(\alpha+\beta+\gamma)-12$

$=-3-2\cdot1-12=-17$

▼3次方程式の解と係数の関係▼

$ax^3+bx^2+cx+d=0$ $(a\neq0)$ の3つの解を α, β, γ とすると

$\alpha+\beta+\gamma=-\dfrac{b}{a}$

$\alpha\beta+\beta\gamma+\gamma\alpha=\dfrac{c}{a}$

$\alpha\beta\gamma=-\dfrac{d}{a}$

←$\alpha+\beta+\gamma=1$ より $\alpha+\beta=1-\gamma$, $\beta+\gamma=1-\alpha$, $\gamma+\alpha=1-\beta$ を代入。

←α, β, γ を方程式に代入した式から次数を下げることができる。

考え方
・3次方程式の解と係数の関係と3つの文字の対称式変形はよく使う。

$\alpha^2+\beta^2+\gamma^2=(\alpha+\beta+\gamma)^2-2(\alpha\beta+\beta\gamma+\gamma\alpha)$

$\alpha^3+\beta^3+\gamma^3-3\alpha\beta\gamma=(\alpha+\beta+\gamma)(\alpha^2+\beta^2+\gamma^2-\alpha\beta-\beta\gamma-\gamma\alpha)$

解の α, β, γ を方程式に代入した式から次数を下げることも有効

◀10▶ 恒等式

例題 62 　恒等式の解法(1)【係数比較法】 ★

次の等式が x についての恒等式となるように定数 a, b, c の値を定めよ。

$$2x^2+3x+4=a(x+1)^2+b(x+1)+c$$

解 　$2x^2+3x+4=ax^2+2ax+a+bx+b+c$

$=ax^2+(2a+b)x+a+b+c$

両辺の係数を比較して

$a=2$, $2a+b=3$, $a+b+c=4$

これを解いて 　$a=2$, $b=-1$, $c=3$

別解 　$x+1=t$ とおき，$x=t-1$ として，与式に代入

$2(t-1)^2+3(t-1)+4=at^2+bt+c$

$2t^2-t+3=at^2+bt+c$ ◀t についての恒等式。

両辺の係数を比較して 　$a=2$, $b=-1$, $c=3$

▶恒等式◀
等式において，両辺が同じ式に変形できるとき，この等式を恒等式という。
恒等式では，どんな値を代入しても成り立つ。

▶恒等式の条件（係数比較法）◀
$ax^2+bx+c=a'x^2+b'x+c'$
が x についての恒等式
$\iff a=a'$, $b=b'$, $c=c'$

考え方 　係数比較法 ➡ 式を整理して，左辺と右辺の係数を比較する

例題 63 　恒等式の解法(2)【数値代入法】 ★

次の等式が x についての恒等式となるように定数 a, b, c の値を定めよ。

$$ax(x-1)+b(x-1)(x+1)+cx(x+1)=6x^2+2x-2$$

解 　与式に，$x=-1$ を代入すると 　$2a=2$ 　$a=1$

$x=0$ を代入すると 　$-b=-2$ 　$b=2$

$x=1$ を代入すると 　$2c=6$ 　$c=3$

逆に，このとき与式は恒等式となる。

よって，$a=1$, $b=2$, $c=3$

◀恒等式になるためには，どんな値を代入しても成り立つから計算しやすい適当な x の値を代入するのがよい。

◀数値代入法では"このとき与式は恒等式となる"とかいておく。

考え方 　数値代入法 ➡ 未知数の数だけ異なる値を代入して解く

例題 64 　分数式の恒等式 ★★

次の等式が x についての恒等式となるように定数 a, b の値を定めよ。

$$\frac{x+5}{(x-3)(x+1)}=\frac{a}{x-3}+\frac{b}{x+1}$$

解 　両辺に $(x-3)(x+1)$ を掛けて分母を払うと

$x+5=a(x+1)+b(x-3)$

$x+5=(a+b)x+a-3b$

両辺の係数を比較して 　$a+b=1$, $a-3b=5$

これを解いて 　$a=2$, $b=-1$

◀分母を払って整式の恒等式にする。

考え方 　分数式の恒等式 ➡ 分母を払って整式の恒等式に直して解く

例題 65　どんな k の値に対しても成り立つ等式　★★

等式 $(3k-1)x+(k+3)y-5k+5=0$ が，どんな k の値に対しても成り立つように，x, y の値を定めよ。

解　与式を k について整理して

$(3x+y-5)k+(-x+3y+5)=0$

これが k についての恒等式となればよいから

$3x+y-5=0$, $-x+3y+5=0$

これを解いて　$x=2$, $y=-1$

◀ k について整理する。

▶恒等式の条件◀

$ax^2+bx+c=0$
が x についての恒等式
$\iff a=0$, $b=0$, $c=0$

考え方　どんな〜に対しても成り立つ
すべての〜に対して成り立つ　➡　〜についての恒等式と考える

例題 66　2つの文字についての恒等式　★★★

等式 $(x+ay+1)(2x+by+3)=2x^2+xy+cy^2+5x+2y+3$ がすべての x, y について成り立つように，定数 a, b, c の値を定めよ。

解　$(左辺)=2x^2+(2a+b)xy+aby^2+5x+(3a+b)y+3$
　　　　$=2x^2+xy+cy^2+5x+2y+3$

これが x, y についての恒等式となればよいから，
同類項の係数を比較して

$2a+b=1$, $ab=c$, $3a+b=2$

これを解いて　$a=1$, $b=-1$, $c=-1$

◀左辺を展開して右辺の形にあわせて整理する。

◀$2a+b=1$ と $3a+b=2$ から
$a=1$, $b=-1$

考え方　複数の文字についての恒等式　➡　同類項を整理して係数比較する

例題 67　条件式が付いた恒等式　★★★

$2x+y=1$ を満たすすべての x, y について $ax^2+bxy+cy^2=1$ が成り立つように定数 a, b, c の値を定めよ。

解　$2x+y=1$ より　$y=1-2x$

これを $ax^2+bxy+cy^2=1$ に代入して

$ax^2+bx(1-2x)+c(1-2x)^2=1$

$(a-2b+4c)x^2+(b-4c)x+c=1$

これが x についての恒等式となればよいから，両辺の係数を比較して

$a-2b+4c=0$, $b-4c=0$, $c=1$

これを解いて　$a=4$, $b=4$, $c=1$

◀y を消去して，x についての恒等式として考える。

◀x について整理する。

考え方　条件式がある場合の恒等式　➡　条件式から文字を減らす方針で

11 等式の証明

例題 68 等式の証明 ★

等式 $(a^2-b^2)^2+(2ab)^2=(a^2+b^2)^2$ が成り立つことを証明せよ。

解
$$(左辺)=(a^2-b^2)^2+(2ab)^2$$
$$=a^4-2a^2b^2+b^4+4a^2b^2$$
$$=a^4+2a^2b^2+b^4$$
$$=(a^2+b^2)^2=(右辺)$$

よって，与式は成り立つ。（終）

▼等式 $A=B$ の証明方法▲

(1) 左辺から右辺（右辺から左辺）を導く。
$$A=A'=A''=\cdots=B$$
(2) 両辺をそれぞれ変形し，同じ式を導く。
$$\left.\begin{array}{l}A=A'=A''=\cdots=C\\B=B'=B''=\cdots=C\end{array}\right\}$$
(3) 両辺の差をとり 0 になることを示す。
$$A-B=\cdots=0$$

別解 $(a^2-b^2)^2+(2ab)^2-(a^2+b^2)^2$
$=a^4-2a^2b^2+b^4+4a^2b^2-(a^4+2a^2b^2+b^4)$
$=2a^2b^2-2a^2b^2=0$ としてもよい。

考え方
・右のように = で結んだまま計算するのは
証明の形式として誤りである。

$$(a^2-b^2)^2+(2ab)^2=(a^2+b^2)^2$$
$$a^4-2a^2b^2+b^4+4a^2b^2=a^4+2a^2b^2+b^4$$
$$a^4+2a^2b^2+b^4=a^4+2a^2b^2+b^4$$

等式の証明 ➡ （左辺）=（右辺）のまま両辺を変形してはいけない

例題 69 条件式が付いた等式の証明 ★★

(1) $a-b-c=0$ のとき，$a^2-bc=c^2+ab$ が成り立つことを証明せよ。

(2) $abc=1$ のとき，$\dfrac{b}{ab+b-1}+\dfrac{1}{bc-c+1}+\dfrac{ca}{ca-a-1}=1$ が成り立つことを証明せよ。

解 (1) $a-b-c=0$ より
$a=b+c$ として，与式に代入すると
$$(左辺)=a^2-bc=(b+c)^2-bc=b^2+bc+c^2$$
$$(右辺)=c^2+ab=c^2+(b+c)b=b^2+bc+c^2$$
よって $a^2-bc=c^2+ab$ （終）

←条件式を用いて1文字を消去する。

(2) $abc=1$ より $c=\dfrac{1}{ab}$ だから
$$(左辺)=\dfrac{b}{ab+b-1}+\dfrac{1}{\dfrac{1}{a}-\dfrac{1}{ab}+1}+\dfrac{\dfrac{1}{b}}{\dfrac{1}{b}-a-1}$$
$$=\dfrac{b}{ab+b-1}+\dfrac{ab}{b-1+ab}+\dfrac{1}{1-ab-b}$$
$$=\dfrac{ab+b-1}{ab+b-1}=1=(右辺)$$

よって，与式は成り立つ。（終）

←条件式を用いて1文字を消去する。

考え方 条件式がある証明問題 ➡ 条件式を用いて文字を減らす方針で

例題 70 　いろいろな条件式と等式の証明　★★★

次のことが成り立つことを証明せよ。

(1) $3x^2+2xy-y^2=0$ $(x>0,\ y>0)$ のとき $\dfrac{x-y}{x+y}=-\dfrac{1}{2}$

(2) $\dfrac{1+x}{1-x}=\dfrac{1-y}{1+y}$ のとき $(1+x)(1+y)+x^2=1$

(3) $x-3y+z=2,\ 3x-y-z=2$ のとき $2x^2+2y^2-z^2=1$

解

(1) $3x^2+2xy-y^2=0$ より

$\quad (x+y)(3x-y)=0$

$x+y>0$ だから $3x-y=0$

$y=3x$ として与式に代入すると

$\quad$(左辺)$=\dfrac{x-y}{x+y}=\dfrac{x-3x}{x+3x}=\dfrac{-2x}{4x}=-\dfrac{1}{2}$ （終）

← 因数分解できるから，因数分解して，x，y の関係式を求める。

← 1文字消去の方針で与式に代入する。

(2) $\dfrac{1+x}{1-x}=\dfrac{1-y}{1+y}$ より

$\quad (1+x)(1+y)=(1-x)(1-y)$

$\quad 1+x+y+xy=1-x-y+xy$

$\quad 2x+2y=0$ 　よって，$x+y=0$

$y=-x$ として与式に代入すると

$\quad$(左辺)$=(1+x)(1+y)+x^2$

$\quad\quad\quad =(1+x)(1-x)+x^2$

$\quad\quad\quad =1-x^2+x^2=1$ （終）

← 両辺に $(1-x)(1+y)$ を掛けて，分母を払う。

← 1文字消去の方針で与式に代入する。

(3) $x-3y+z=2$ …①

$\quad 3x-y-z=2$ …② とおくと

①+②より

$\quad 4x-4y=4$ だから $y=x-1$ 　　　…③

③を②に代入して

$\quad 3x-(x-1)-z=2$ だから $z=2x-1$ …④

③，④を与式に代入すると

$\quad$(左辺)$=2x^2+2y^2-z^2$

$\quad\quad\quad =2x^2+2(x-1)^2-(2x-1)^2$

$\quad\quad\quad =2x^2+2x^2-4x+2-(4x^2-4x+1)$

$\quad\quad\quad =1$ （終）

← ①，②の2式から1文字（この場合は x）で表す方針を立てる。

← 1文字で表すと，たいてい値が求められる。

考え方

・条件式があるときの等式の証明や式の値を求める問題では，まず，条件式をシンプルな形にする。

・次に，変形の方針は条件式から文字を消去し，与えられた式を1文字で表すことを考えよう。

条件式のある等式の証明 ➡ 条件式から文字を消去，問題の式を1文字で表す
複雑な条件式はシンプルに

例題 71 比例式の証明 ★★

$\dfrac{a}{b}=\dfrac{c}{d}$ のとき，等式 $\dfrac{2a+b}{a-b}=\dfrac{2c+d}{c-d}$ が成り立つことを証明せよ。

解 $\dfrac{a}{b}=\dfrac{c}{d}=k$ とおくと，$a=bk$，$c=dk$ より

$$(左辺)=\frac{2a+b}{a-b}=\frac{2bk+b}{bk-b}$$
$$=\frac{b(2k+1)}{b(k-1)}=\frac{2k+1}{k-1}$$
$$(右辺)=\frac{2c+d}{c-d}=\frac{2dk+d}{dk-d}$$
$$=\frac{d(2k+1)}{d(k-1)}=\frac{2k+1}{k-1}$$

よって，与式は成り立つ。（終）

▶比例式◀

$$a:b=c:d$$
$$\Updownarrow$$
$$\frac{a}{b}=\frac{c}{d}$$
$$\Updownarrow$$
$$ad=bc$$
$$x:y:z=a:b:c$$
$$\Updownarrow$$
$$\frac{x}{a}=\frac{y}{b}=\frac{z}{c}$$

考え方 比例式は"式の値＝k"とおき ➡ k を含んだまま式を変形する

例題 72 比例式の利用 ★★★

(1) $x:y:z=2:3:4$ のとき，$\dfrac{xy+yz+zx}{x^2+y^2+z^2}$ の値を求めよ。

(2) $\dfrac{x+y}{3}=\dfrac{y+z}{2}=\dfrac{z+x}{9}\neq0$ のとき，$x:y:z$ を求めよ。

解 (1) $x=2k$，$y=3k$，$z=4k$ $(k\neq0)$ とおくと

$$\frac{xy+yz+zx}{x^2+y^2+z^2}=\frac{2k\cdot3k+3k\cdot4k+4k\cdot2k}{(2k)^2+(3k)^2+(4k)^2}$$
$$=\frac{26k^2}{29k^2}=\frac{26}{29}$$

◀$x=2$，$y=3$，$z=4$ とすると，他にも $x=4$，$y=6$，$z=8$ など，無数にあり一般性がない。

(2) $\dfrac{x+y}{3}=\dfrac{y+z}{2}=\dfrac{z+x}{9}=k$ $(k\neq0)$ とおくと

$$\begin{cases} x+y=3k & \cdots① \\ y+z=2k & \cdots② \\ z+x=9k & \cdots③ \end{cases}$$

①＋②＋③から $2(x+y+z)=14k$
$$x+y+z=7k \cdots④$$
④－②，④－③，④－①を計算して
$$x=5k,\ y=-2k,\ z=4k$$
よって，$x:y:z=5k:(-2k):4k$
$$=5:(-2):4$$

◀比例式は"$=k$"とおく。

◀文字が循環している連立方程式は辺々加えてみる。

別解 (2)①－②から
$x-z=k\ \cdots④$
③＋④から
$2x=10k,\ x=5k$
①，③に代入して
$y=-2k$，$z=4k$ としてもよい。

考え方 条件が比例式で与えられているとき ➡ それぞれの値を k を用いた比で表す

例題 73 比例式の値 ★★★

$\dfrac{y+z+2}{x+1}=\dfrac{z+x+2}{y+1}=\dfrac{x+y+2}{z+1}$ のとき，この式の値を求めよ。

解 $\dfrac{y+z+2}{x+1}=\dfrac{z+x+2}{y+1}=\dfrac{x+y+2}{z+1}=k$ とおくと

←比例式は "$=k$" とおく。

$$\begin{cases} y+z+2=(x+1)k & \cdots ① \\ z+x+2=(y+1)k & \cdots ② \\ x+y+2=(z+1)k & \cdots ③ \end{cases}$$

①，②，③の辺々を加えて

$2(x+y+z+3)=(x+y+z+3)k$

$(k-2)(x+y+z+3)=0$

←文字が循環している連立方程式は辺々を加える。

←$x+y+z+3$ で割って $k=2$，としないこと。

これから，$k=2$ または $x+y+z+3=0$

(ⅰ) $k=2$ のとき，①，②，③に代入して

$$\begin{cases} y+z+2=2(x+1) \\ z+x+2=2(y+1) \\ x+y+2=2(z+1) \end{cases} \text{より} \begin{cases} 2x-y-z=0 & \cdots ④ \\ x-2y+z=0 & \cdots ⑤ \\ x+y-2z=0 & \cdots ⑥ \end{cases}$$

④+⑤から $3x-3y=0$ したがって $x=y$

④+⑥から $3x-3z=0$ したがって $x=z$

よって，$x=y=z$ のとき，与式のどの式も

$$\dfrac{x+x+2}{x+1}=\dfrac{2(x+1)}{x+1}=2$$

となるから，求める式の値は 2

(ⅱ) $x+y+z+3=0$ のとき，$y+z=-x-3$ から

$$\dfrac{y+z+2}{x+1}=\dfrac{(-x-3)+2}{x+1}=\dfrac{-(x+1)}{x+1}=-1$$

同様に $\dfrac{z+x+2}{y+1}=\dfrac{(-y-3)+2}{y+1}=-1$

←$z+x=-y-3$ を代入。

$$\dfrac{x+y+2}{z+1}=\dfrac{(-z-3)+2}{z+1}=-1$$

←$x+y=-z-3$ を代入。

よって，求める式の値は -1

(ⅰ)，(ⅱ)より，**$x=y=z$ のとき 2**

$x+y+z=-3$ のとき -1

考え方

・例題73の①，②，③のように，3文字が循環している連立方程式は，辺々加えて処理できることもあるので知っておこう。

・$2(x+y+z+3)=(x+y+z+3)k$ は $x+y+z+3=0$ の場合もあるので，単に，$x+y+z+3$ で割って $k=2$ としない。

比例式の値 ➡ $\dfrac{a}{A}=\dfrac{b}{B}=\dfrac{c}{C}=k$ とおいて，$a=kA,\ b=kB,\ c=kC$ とし 辺々加えて $(a+b+c)=k(A+B+C)$ をつくる

12　不等式の証明

例題 74　不等式の基本性質　★

$a>b>0,\ c>d>0$ ならば $ac>bd$ であることを証明せよ。

解　$a>b>0,\ c>0$ より

$a>b$ の両辺に c を掛けると

$\quad ac>bc$ …①　　　　　←基本性質(3)

$c>d>0,\ b>0$ より

$c>d$ の両辺に b を掛けると

$\quad bc>bd$ …②　　　　　←基本性質(3)

よって，①，②より $ac>bc>bd$ だから

$\quad ac>bd$ （終）　　　　←基本性質(1)

▼不等式の基本性質▲

(1)　$a>b,\ b>c \Longrightarrow a>c$

(2)　$a>b \Longrightarrow \begin{cases} a+c>b+c \\ a-c>b-c \end{cases}$

(3)　$a>b,\ c>0 \Longrightarrow ac>bc,\ \dfrac{a}{c}>\dfrac{b}{c}$

(4)　$a>b,\ c<0 \Longrightarrow ac<bc,\ \dfrac{a}{c}<\dfrac{b}{c}$

例題 75　不等式の証明　★★

次のことが成り立つことを証明せよ。

(1)　$a>b>0,\ c>d>0$ ならば　$2ac>ad+bc$

(2)　$a>b>1$ ならば　$\dfrac{a}{a-1}<\dfrac{b}{b-1}$

解　(1)　$2ac-(ad+bc)=(ac-ad)+(ac-bc)$

$\qquad\qquad\qquad\quad =a(c-d)+c(a-b)$

ここで，$a>0,\ c-d>0,\ c>0,\ a-b>0$ だから

$\quad a(c-d)+c(a-b)>0$

よって，$2ac>ad+bc$　（終）

別解　$a>b>0,\ c>0$ から　$ac>bc$ …①

$c>d>0,\ a>0$ から　$ac>ad$ …②

①，②の辺々を加えて

$\quad 2ac>ad+bc$　（終）

(2)　$\dfrac{b}{b-1}-\dfrac{a}{a-1}=\dfrac{b(a-1)-a(b-1)}{(a-1)(b-1)}$

$\qquad\qquad\qquad =\dfrac{a-b}{(a-1)(b-1)}$

ここで，$a>b>1$ より

$\quad a-b>0,\ a-1>0,\ b-1>0$

よって，$\dfrac{a-b}{(a-1)(b-1)}>0$

ゆえに，$\dfrac{a}{a-1}<\dfrac{b}{b-1}$　（終）

▼不等式の証明▲

$A>B$ を示すには
　$A-B>0$
または
　$B-A<0$
を示す。

←　$\begin{array}{r} ac>bc \text{ …①} \\ +\ )\ ac>ad \text{ …②} \\ \hline 2ac>ad+bc \end{array}$

←$A>B,\ C>D$
$\quad \Longrightarrow A+C>B+D$

考え方　不等式の証明　➡　（大きいほう）－（小さいほう）を計算して式変形

41

例題 76 (実数)$^2 \geqq 0$　　　　　　　　　　　　　　★★

次の不等式を証明せよ。また，等号が成り立つのはどのようなときか。

(1)　$a^2 + 5b^2 + 1 \geqq 4ab + 2b$　　　　　(2)　$(a^2 + b^2)(x^2 + y^2) \geqq (ax + by)^2$

解 (1)　$a^2 + 5b^2 + 1 - (4ab + 2b)$

$= a^2 - 4ab + 5b^2 - 2b + 1$　　　　　　　　◀a の2次式とみて平方完成する。

$= (a - 2b)^2 + b^2 - 2b + 1$　　　　　　　　◀次に，b の2次式を平方完成する。

$= (a - 2b)^2 + (b - 1)^2$

$(a - 2b)^2 \geqq 0$，$(b - 1)^2 \geqq 0$ だから

> ▼**実数の平方の性質**◀
> a，b が実数のとき
> $a^2 \geqq 0$　（$a = 0$ のとき等号）
> $a^2 + b^2 \geqq 0$
> 　　（$a = b = 0$ のとき等号）

$(a - 2b)^2 + (b - 1)^2 \geqq 0$

よって，$a^2 + 5b^2 + 1 \geqq 4ab + 2b$

等号は $a - 2b = 0$ かつ $b - 1 = 0$ より

$a = 2$，$b = 1$ のとき。（終）

(2)　$(a^2 + b^2)(x^2 + y^2) - (ax + by)^2$

$= a^2 x^2 + a^2 y^2 + b^2 x^2 + b^2 y^2 - (a^2 x^2 + 2abxy + b^2 y^2)$　　◀この不等式をコーシー・シュワルツの不等式といい，最大値や最小値を求めるときによく利用される公式である。

$= b^2 x^2 - 2abxy + a^2 y^2 = (bx - ay)^2 \geqq 0$

よって，$(a^2 + b^2)(x^2 + y^2) \geqq (ax + by)^2$

等号は，$bx - ay = 0$ より

$bx = ay$ のとき。（終）

> ▼**コーシー・シュワルツの不等式**◀
> $(a^2 + b^2)(x^2 + y^2) \geqq (ax + by)^2$　（$a : b = x : y$ のとき等号成立）
> $(a^2 + b^2 + c^2)(x^2 + y^2 + z^2) \geqq (ax + by + cz)^2$　（$a : b : c = x : y : z$ のとき等号成立）

考え方　不等式の証明　➡　2次式なら平方完成して（　）$^2 \geqq 0$ を示す

例題 77 大小比較　　　　　　　　　　　　　　★★

$a > b > 0$ のとき，3つの数 $\dfrac{3a + b}{a + b}$，$\dfrac{2a - 3b}{a - b}$，2 を小さい順に並べよ。

解 $a = 2$，$b = 1$ とすると　$\dfrac{3a + b}{a + b} = \dfrac{7}{3} > 2$，$\dfrac{2a - 3b}{a - b} = 1 < 2$　◀適当な a，b の値を代入して，大小関係の見当をつける。

これから　$\dfrac{2a - 3b}{a - b} < 2 < \dfrac{3a + b}{a + b}$ と予想できる。

$\dfrac{3a + b}{a + b} - 2 = \dfrac{3a + b - 2(a + b)}{a + b} = \dfrac{a - b}{a + b} > 0$　よって，$\dfrac{3a + b}{a + b} > 2$

$2 - \dfrac{2a - 3b}{a - b} = \dfrac{2(a - b) - (2a - 3b)}{a - b} = \dfrac{b}{a - b} > 0$　よって，$2 > \dfrac{2a - 3b}{a - b}$

ゆえに，小さい順に並べると　$\dfrac{2a - 3b}{a - b}$，2，$\dfrac{3a + b}{a + b}$

考え方　3つ以上の式の大小関係では　➡　大小の見当をつけてから順次証明

例題 78 相加平均・相乗平均 ★★

$a>0$, $b>0$ のとき, $\dfrac{a+b}{2}\geqq\sqrt{ab}$ が成り立つことを証明せよ。

解 $\dfrac{a+b}{2}-\sqrt{ab}=\dfrac{a+b-2\sqrt{ab}}{2}$

$\qquad\qquad\qquad=\dfrac{(\sqrt{a}-\sqrt{b})^2}{2}\geqq0$

← $a=(\sqrt{a})^2$, $b=(\sqrt{b})^2$ とみる。

よって, $\dfrac{a+b}{2}\geqq\sqrt{ab}$

等号は, $\sqrt{a}-\sqrt{b}=0$ より $a=b$ のとき。（終）

例題 79 （相加平均）≧（相乗平均）を利用した不等式の証明 ★★★

$a>0$, $b>0$ のとき, 次の不等式を証明せよ。また, 等号が成り立つ条件をいえ。

$$(a+b)\left(\dfrac{1}{a}+\dfrac{4}{b}\right)\geqq9$$

解 $(a+b)\left(\dfrac{1}{a}+\dfrac{4}{b}\right)=1+\dfrac{4a}{b}+\dfrac{b}{a}+4$

$\qquad\qquad\qquad\qquad=\dfrac{4a}{b}+\dfrac{b}{a}+5$

← 1度展開してから 相加平均≧相乗平均 の関係を使う。

$\dfrac{4a}{b}>0$, $\dfrac{b}{a}>0$ だから, （相加平均）≧（相乗平均）より

$\dfrac{4a}{b}+\dfrac{b}{a}+5\geqq2\sqrt{\dfrac{4a}{b}\cdot\dfrac{b}{a}}+5=2\sqrt{4}+5=9$

よって, 不等式は成り立つ。

等号は $\dfrac{4a}{b}=\dfrac{b}{a}$ のときだから $4a^2=b^2$

$a>0$, $b>0$ より $2a=b$ のとき。（終）

▼相加平均・相乗平均▲
$a>0$, $b>0$ のとき
$$\dfrac{a+b}{2}\geqq\sqrt{ab}$$
（$a=b$ のとき等号成立）

参考 (2)の証明で誤りやすい例

$a+b\geqq2\sqrt{ab}$ …① $\qquad$ $\dfrac{1}{a}+\dfrac{4}{b}\geqq2\sqrt{\dfrac{1}{a}\cdot\dfrac{4}{b}}=4\sqrt{\dfrac{1}{ab}}$ $\qquad$ …②

①, ②の辺々を掛けて $(a+b)\left(\dfrac{1}{a}+\dfrac{4}{b}\right)\geqq2\sqrt{ab}\times4\sqrt{\dfrac{1}{ab}}=8$ …③

とすることはできない。なぜなら, 等号の成り立つ条件が

①は $a=b$, ②は $\dfrac{1}{a}=\dfrac{4}{b}$ より $4a=b$ なので, 同時には成りたたない。

よって, ③の等号は成り立たないのである。

考え方 （相加平均）≧（相乗平均） ➡ ○＋□≧$2\sqrt{○\times□}$ （等号は ○＝□ のとき）
正の数○と□について $\qquad$ ○×□ が定数になるとき有効

例題 80 （相加平均）≧（相乗平均）の最大・最小への利用 ★★★★

(1) $x>2$ のとき, $x+1+\dfrac{1}{x-2}$ の最小値と, そのときの x の値を求めよ。

(2) $x>0$, $y>0$, $x^2+y^2=6$ のとき, xy の最大値と, そのときの x, y の値を求めよ。

解 (1) （与式）$=(x-2)+\dfrac{1}{x-2}+3$ と変形すると

$x>2$ より $x-2>0$, $\dfrac{1}{x-2}>0$ だから,

（相加平均）≧（相乗平均） より

（与式）$=x-2+\dfrac{1}{x-2}+3\geqq 2\sqrt{(x-2)\cdot\dfrac{1}{x-2}}+3=5$

よって $x+1+\dfrac{1}{x-2}\geqq 5$

等号は $x-2=\dfrac{1}{x-2}$ より $(x-2)^2=1$

$x-2=\pm 1$, $x>2$ だから $x=3$

ゆえに, **$x=3$ のとき最小値5**

(2) $x>0$, $y>0$ より $x^2>0$, $y^2>0$ だから,

（相加平均）≧（相乗平均） より

$6=x^2+y^2\geqq 2\sqrt{x^2y^2}=2|xy|$

$x>0$, $y>0$ より $6\geqq 2xy$ よって, $xy\leqq 3$

等号は $x^2=y^2$ すなわち $x=y$

このとき, $x^2+y^2=2x^2=6$ より $x=\sqrt{3}$, $y=\sqrt{3}$

ゆえに, **$x=y=\sqrt{3}$ のとき最大値3**

◀分母が $x-2$ なので, 掛け算して分母が消えるように $x+1=(x-2)+3$ とした。

◀$a>0$, $b>0$ のとき $a+b\geqq 2\sqrt{ab}$

◀等号が成り立つときの x の値で最小値になる。

◀$a>0$, $b>0$ のとき $a+b\geqq 2\sqrt{ab}$

◀$\sqrt{x^2y^2}=|xy|$, $x>0$, $y>0$ のとき $|xy|=xy$

例題 81 根号を含む不等式の証明 ★★★

$a>0$, $b>0$ のとき, 不等式 $\sqrt{8a+2b}\geqq 2\sqrt{a}+\sqrt{b}$ を証明せよ。また, 等号が成り立つのはどのようなときか。

解 両辺を2乗して差をとると

$(\sqrt{8a+2b})^2-(2\sqrt{a}+\sqrt{b})^2$

$=8a+2b-(4a+4\sqrt{ab}+b)=4a-4\sqrt{ab}+b$

$=(2\sqrt{a}-\sqrt{b})^2\geqq 0$

よって, $(\sqrt{8a+2b})^2\geqq (2\sqrt{a}+\sqrt{b})^2$

$\sqrt{8a+2b}>0$, $2\sqrt{a}+\sqrt{b}>0$ だから

$\sqrt{8a+2b}\geqq 2\sqrt{a}+\sqrt{b}$

等号は $2\sqrt{a}=\sqrt{b}$ より **$4a=b$ のとき。** （終）

▼正の数の大小比較◢

$a>0$, $b>0$ のとき

$a>b \iff a^2>b^2$

◀2数が正であることを必ず確認すること。

考え方 $\sqrt{}$ を含んだ不等式の証明 ➡ 両辺が正であることを確認し, 2乗して考える

例題 82 条件式があるときの不等式の証明 ★★★

$a+b=1$, $a>0$, $b>0$ のとき，任意の x, y について
$$(ax+by)^2 \le ax^2+by^2$$
が成り立つことを示せ。また，等号が成り立つのはどのようなときか。

解
$$ax^2+by^2-(ax+by)^2$$
$$=ax^2+by^2-(a^2x^2+2abxy+b^2y^2)$$
$$=a(1-a)x^2-2abxy+b(1-b)y^2$$
ここで，$1-a=b$，$1-b=a$ を代入して
$$(与式)=abx^2-2abxy+aby^2$$
$$=ab(x^2-2xy+y^2)$$
$$=ab(x-y)^2 \ge 0$$
よって，$(ax+by)^2 \le ax^2+by^2$
等号は $x=y$ のとき。（終）

←とりあえず
（大きいほう）−（小さいほう）
を計算する。

←式の形を見て，条件式を上手
に代入する。

考え方 条件式があるときの不等式の証明 ➡ 条件式の適用を慎重に！

例題 83 絶対値を含む不等式の証明 ★★★★

次の不等式を証明せよ。また，等号が成り立つのはどのようなときか。
(1) $|a+b| \le |a|+|b|$ (2) $|x+y+z| \le |x|+|y|+|z|$

解 (1) 両辺を2乗して差をとると
$$(|a|+|b|)^2-|a+b|^2$$
$$=a^2+2|ab|+b^2-(a^2+2ab+b^2)$$
$$=2(|ab|-ab) \ge 0 \quad ←|ab| \ge ab$$
よって，$|a+b|^2 \le (|a|+|b|)^2$
$|a+b| \ge 0$，$|a|+|b| \ge 0$ だから，
$$|a+b| \le |a|+|b|$$
等号は $|ab|=ab$ より $ab \ge 0$ のとき。（終）
(2) (1)の不等式で $a=x$，$b=y+z$ とおくと
$$|x+y+z|=|x+(y+z)| \le |x|+|y+z|$$
$$\le |x|+|y|+|z|$$
よって，$|x+y+z| \le |x|+|y|+|z|$
等号は $x(y+z) \ge 0$，$yz \ge 0$ のときだから
$x \ge 0$，$y \ge 0$，$z \ge 0$ または，
$x \le 0$，$y \le 0$，$z \le 0$ のとき。（終）

←$|a+b|^2=(a+b)^2$
$|a||b|=|ab|$

←$|ab|=\begin{cases} ab & (ab \ge 0) \\ -ab & (ab<0) \end{cases}$

←(1)より $|y+z| \le |y|+|z|$

考え方 類似の不等式の証明 ➡ (2)の証明は，(1)の不等式を利用して式の形から文字の置きかえを考える

13 点と座標

例題 84 数直線上の２点間の距離 ★

次の２点間の距離を求めよ。

(1) $A(2)$，$B(-3)$　　　　　　(2) $A(a)$，$B(-2a)$

解 (1) $AB=|-3-2|$

$\quad\quad\quad =|-5|=5$

(2) $AB=|-2a-a|$

$\quad\quad\quad =|-3a|=3|a|$

> ┃２点 $A(a)$，$B(b)$ 間の距離┃
> $$AB=|b-a|$$

考え方 ２点間の距離は絶対値記号をつけて表し，記号の中の正，負を考え絶対値記号をはずす。

例題 85 数直線上の内分点・外分点 ★

２点 $A(-5)$，$B(3)$ について，次の点の座標を求めよ。

(1) 線分 AB の中点 M

(2) 線分 AB を $3:1$ に内分する点 P と $1:3$ に内分する点 P′

(3) 線分 AB を $3:1$ に外分する点 Q と $1:3$ に外分する点 Q′

解 (1) $\dfrac{-5+3}{2}=-1$ より　$M(-1)$

(2) $\dfrac{1\cdot(-5)+3\cdot 3}{3+1}=\dfrac{4}{4}=1$ より　$P(1)$

$\quad\quad \dfrac{3\cdot(-5)+1\cdot 3}{1+3}=\dfrac{-12}{4}=-3$ より　$P'(-3)$

> ┃内分点と外分点┃
> ・線分 AB を $m:n$ に
> 　内分する点 $\dfrac{na+mb}{m+n}$
> 　外分する点 $\dfrac{-na+mb}{m-n}$
> ・線分 AB の中点 $\dfrac{a+b}{2}$

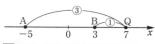

(3) $\dfrac{-1\cdot(-5)+3\cdot 3}{3-1}=\dfrac{14}{2}=7$ より　$Q(7)$

$\quad\quad \dfrac{-3\cdot(-5)+1\cdot 3}{1-3}=\dfrac{18}{-2}=-9$ より　$Q'(-9)$

考え方

線分 AB の内分点	線分 AB の外分点

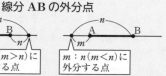

内分点 ⟹ AB の間　　　　外分点 ⟹ AB の外側

例題 86　2点間の距離と三角形の形状　★

座標平面上の 3 点 A(1, 4)，B(−1, 1)，C(4, 2) について，△ABC の形状を求めよ。

解

$$AB=\sqrt{(-1-1)^2+(1-4)^2}=\sqrt{13}$$

$$BC=\sqrt{(4+1)^2+(2-1)^2}=\sqrt{26}$$

$$AC=\sqrt{(4-1)^2+(2-4)^2}=\sqrt{13}$$

AB=AC かつ AB²+AC²=BC²

が成り立つ。

よって，△ABC は ∠A=90° の直角二等辺三角形

▼2点間の距離▼
A(x_1, y_1)，B(x_2, y_2) のとき
AB=$\sqrt{(x_2-x_1)^2+(y_2-y_1)^2}$

考え方 三角形の形状　➡　3辺の長さを求め（正，二等辺，直角）三角形を考える

例題 87　2点から等距離にある点　★

直線 $y=x$ 上の点で，2 点 A(−1, 1)，B(3, −1) から等距離にある点 P の座標を求めよ。

解 求める点 P の座標は，直線 $y=x$ 上にあるから
(t, t) とおける。

AP=BP より　AP²=BP²

$$(t+1)^2+(t-1)^2=(t-3)^2+(t+1)^2$$

$4t=8$ より　$t=2$　よって，P(2, 2)

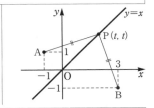

考え方 直線 $y=mx+n$ 上の点　➡　(t, $mt+n$) とおく

例題 88　図形への応用　★★★

△ABC の辺 BC の 4 等分点を点 B の側から順に，D，E，F とするとき
AB²−AC²=2(AD²−AF²) が成り立つことを証明せよ。

解 辺 BC を x 軸上にとり，点 E を通り辺 BC に垂直な直線を y 軸とする。

そして A(a, b)，B(−2c, 0) とおくと，
D(−c, 0)，E(0, 0)，F(c, 0)，C(2c, 0) となる。

$$AB^2=(a+2c)^2+b^2=a^2+b^2+4c^2+4ac$$

$$AC^2=(a-2c)^2+b^2=a^2+b^2+4c^2-4ac$$

より　AB²−AC²=8ac

一方　AD²=$(a+c)^2+b^2=a^2+b^2+c^2+2ac$

　　　AF²=$(a-c)^2+b^2=a^2+b^2+c^2-2ac$

よって，2(AD²−AF²)=2·4ac=8ac

ゆえに，AB²−AC²=2(AD²−AF²)　（終）

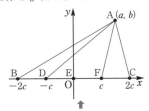

座標は対称性を利用してできるだけ少ない文字で表すようにする。

考え方 座標平面を利用した図形の証明　➡　座標を簡単にし，計算が楽になるように

例題 89 座標平面上の内分点・外分点 ★

2 点 A$(2, -3)$，B$(5, 6)$ について，次の点の座標を求めよ。

(1) 線分 AB の中点 M

(2) 線分 AB を $2:1$ に内分する点 P

(3) 線分 AB を $2:3$ に外分する点 Q

(4) 点 A に関して点 B と対称な点 R

解

(1) M$\left(\dfrac{2+5}{2}, \dfrac{-3+6}{2}\right)$＝M$\left(\dfrac{7}{2}, \dfrac{3}{2}\right)$

(2) P$\left(\dfrac{1\cdot2+2\cdot5}{2+1}, \dfrac{1\cdot(-3)+2\cdot6}{2+1}\right)$

＝P$(4, 3)$

(3) Q$\left(\dfrac{-3\cdot2+2\cdot5}{2-3}, \dfrac{-3\cdot(-3)+2\cdot6}{2-3}\right)$

＝Q$(-4, -21)$

(4) R(a, b) とおくと，線分 BR の中点
が点 A だから

$$\left(\dfrac{5+a}{2}, \dfrac{6+b}{2}\right)=(2, -3)$$

これより $a=-1$，$b=-12$

よって，**R$(-1, -12)$**

別解 点 R は線分 AB を $1:2$ に外分する点だから

R$\left(\dfrac{-2\cdot2+1\cdot5}{1-2}, \dfrac{-2\cdot(-3)+1\cdot6}{1-2}\right)$

＝**R$(-1, -12)$**

▶内分点・外分点◀

A(x_1, y_1)，B(x_2, y_2) に対して

・線分 AB の中点は

$$\left(\dfrac{x_1+x_2}{2}, \dfrac{y_1+y_2}{2}\right)$$

・線分 AB を $m:n$ の比に
内分する点は

$$\left(\dfrac{nx_1+mx_2}{m+n}, \dfrac{ny_1+my_2}{m+n}\right)$$

外分する点は

$$\left(\dfrac{-nx_1+mx_2}{m-n}, \dfrac{-ny_1+my_2}{m-n}\right)$$

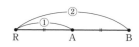

考え方 AB を $m:n$ に内分，外分 ➡ AB を $m:n$　掛ける相手を誤らない

例題 90 三角形の重心 ★

3 点 A$(a, -2)$，B$(-1, b)$，C$(6, 1)$ を頂点とする $\triangle$ABC の重心の座標が
$(3, -2)$ であるとき，a，b の値を求めよ。

解 $\triangle$ABC の重心の座標は

$$\left(\dfrac{a+(-1)+6}{3}, \dfrac{-2+b+1}{3}\right)$$

$$=\left(\dfrac{a+5}{3}, \dfrac{b-1}{3}\right)$$

これが，点 $(3, -2)$ と一致すればよいから

$$\dfrac{a+5}{3}=3, \dfrac{b-1}{3}=-2$$

これから $a=4$，$b=-5$

▶三角形の重心◀

A(x_1, y_1)，B(x_2, y_2)，C(x_3, y_3)
を頂点とする $\triangle$ABC の重心は

$$\left(\dfrac{x_1+x_2+x_3}{3}, \dfrac{y_1+y_2+y_3}{3}\right)$$

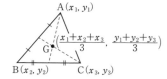

考え方 三角形の重心の座標 ➡ 3つの座標を加えて3で割る

14 直線の方程式

例題 91 直線のグラフ ★

次の直線のグラフをかけ。

(1) $y=\dfrac{1}{2}x+3$　(2) $2x+3y-6=0$　(3) $2x-5=0$　(4) $3y+6=0$

解 (1) 傾き $\dfrac{1}{2}$，y 切片 3 の直線

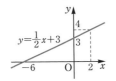

(2) x 切片が $(3,\ 0)$，y 切片が $(0,\ 2)$ の直線

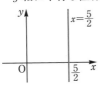

$\leftarrow \dfrac{x}{3}+\dfrac{y}{2}=1$
と変形して
x 切片 $(3,\ 0)$
y 切片 $(0,\ 2)$

(3) $x=\dfrac{5}{2}$ より，x 切片 $\dfrac{5}{2}$ で
y 軸に平行な直線

(4) $y=-2$ より，y 切片 -2 で
x 軸に平行な直線

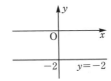

例題 92 直線の方程式 ★

次の条件を満たす直線の方程式を求めよ。

(1) 点 $(2,\ 3)$ を通り，傾きが 2　(2) 2 点 $(-1,\ 8)$，$(3,\ -4)$ を通る。

(3) 2 点 $(-2,\ 5)$，$(4,\ 5)$ を通る。　(4) 2 点 $(2,\ 3)$，$(2,\ -2)$ を通る。

解 (1) $y-3=2(x-2)$
よって，$y=2x-1$

(2) $y-8=\dfrac{-4-8}{3-(-1)}(x+1)$
よって，$y=-3x+5$

(3) $y=5$　←y 座標が
どちらも 5

(4) $x=2$　←x 座標が
どちらも 2

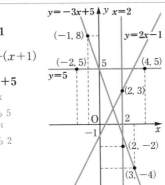

▲ 直線の方程式 ▲

・傾き m，y 切片 n
$\qquad y=mx+n$

・点 $(x_1,\ y_1)$ を通り傾き m
$\qquad y-y_1=m(x-x_1)$

・2 点 $(x_1,\ y_1)$，$(x_2,\ y_2)$
を通る
$x_1 \neq x_2$ のとき
$\qquad y-y_1=\dfrac{y_2-y_1}{x_2-x_1}(x-x_1)$
$x_1=x_2$ のとき
$\qquad x=x_1$

考え方 直線の方程式 ➡ ・傾きを m として $y=mx+n$（$m=0$ のとき $y=n$）
・x 軸に垂直（y 軸に平行）$x=k$

例題 93　2直線の平行と垂直(1)　★★

点 $(-2,\ 1)$ を通り，直線 $l:x+3y-5=0$ に平行な直線と垂直な直線の方程式を求めよ。

解 $x+3y-5=0$ より $y=-\dfrac{1}{3}x+\dfrac{5}{3}$

直線 l の傾きは $-\dfrac{1}{3}$ だから，l に平行な直線は

傾きが $-\dfrac{1}{3}$ で，点 $(-2,\ 1)$ を通る。

よって，$y-1=-\dfrac{1}{3}(x+2)$ より　$x+3y-1=0$

また，l に垂直な直線の傾きを m とすると

$m\times\left(-\dfrac{1}{3}\right)=-1$ より　$m=3$ だから　←垂直条件 $mm'=-1$

垂直な直線は傾きが3で，点 $(-2,\ 1)$ を通る。

よって，$y-1=3(x+2)$ より　$3x-y+7=0$

> **▼2直線の平行と垂直(1)▲**
> ・平行 $\Longleftrightarrow$ $m=m'$
> ・垂直 $\Longleftrightarrow$ $mm'=-1$

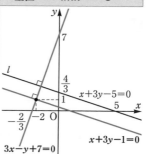

> **考え方** $y=mx+n$ と $y=m'x+n'$ $\Rightarrow$ 平行 $\Longleftrightarrow$ $m=m'$，垂直 $\Longleftrightarrow$ $mm'=-1$

例題 94　2直線の平行と垂直(2)　★★

2直線 $2x-3y+4=0$，$ax+(a-1)y-1=0$ が平行および垂直となるように，定数 a の値をそれぞれ求めよ。

解 2直線が平行なとき

$2\cdot(a-1)-a\cdot(-3)=0$ より　$5a=2$

よって　$a=\dfrac{2}{5}$

2直線が垂直になるとき

$2\cdot a+(-3)\cdot(a-1)=0$ より　$-a+3=0$

よって　$a=3$

別解 $2x-3y+4=0$ の傾きは $\dfrac{2}{3}$

$a=1$ のとき，$ax+(a-1)y-1=0$ は　$x=1$

となり，2直線は平行にも垂直にもならない。

$a\neq1$ のとき，傾きは $-\dfrac{a}{a-1}$ だから

平行になるのは　$\dfrac{2}{3}=-\dfrac{a}{a-1}$

$2(a-1)=-3a$ より　$a=\dfrac{2}{5}$

垂直になるのは　$\dfrac{2}{3}\cdot\left(-\dfrac{a}{a-1}\right)=-1$

$2a=3a-3$ より　$a=3$

> **▼2直線の平行と垂直(2)▲**
> 2直線 $\begin{cases} ax+by+c=0 \\ a'x+b'y+c'=0 \end{cases}$ が
> ・平行 $\Longleftrightarrow$ $ab'-a'b=0$
> （一致する場合も含む。）
> ・垂直 $\Longleftrightarrow$ $aa'+bb'=0$

←$y=\dfrac{2}{3}x+\dfrac{4}{3}$

←$a=1$ のとき分母が 0 になるので

$y=-\dfrac{a}{a-1}x+\dfrac{1}{a-1}$

と表せないから，$a=1$ は別扱いになる。

> **考え方** 2直線の平行と垂直 $\Rightarrow$ 傾きで考える場合は"分母＝0"に注意

例題 95 垂直二等分線 ★★

2点 A$(-2,5)$，B$(6,1)$ を結ぶ線分 AB の垂直二等分線の方程式を求めよ。

解 線分 AB の中点 M の座標は

$$\left(\frac{-2+6}{2}, \frac{5+1}{2}\right)=(2, 3)$$

線分 AB の傾きは

$$\frac{1-5}{6-(-2)}=-\frac{1}{2}$$

垂直二等分線の傾きを m とすると

$$m\times\left(-\frac{1}{2}\right)=-1 \quad より \quad m=2$$

よって，求める直線は点 $(2, 3)$ を通り，

傾き 2 の直線だから

$$y-3=2(x-2) \quad より \quad \boldsymbol{y=2x-1}$$

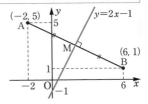

◀垂直条件 $mm'=-1$

考え方 線分 AB の垂直二等分線 ➡ AB の中点を通り，傾きは AB に垂直

例題 96 直線に関する対称点 ★★★

直線 $l: x+2y-4=0$ に関して，点 P$(1, -1)$ と対称な点 Q の座標を求めよ。

解 求める点 Q の座標を (a, b) とおくと

$l\perp$PQ から

$$\frac{b-(-1)}{a-1}\times\left(-\frac{1}{2}\right)=-1 \quad より$$

$$b+1=2(a-1)$$

よって，$2a-b=3$ …①

また，線分 PQ の中点は

$$\left(\frac{1+a}{2}, \frac{-1+b}{2}\right)$$

これが直線 l 上にあるから

$$\frac{1+a}{2}+2\cdot\frac{-1+b}{2}-4=0$$

$$1+a+2(-1+b)-8=0$$

よって，$a+2b=9$ …②

①，②を解いて $a=3, b=3$

ゆえに，点 Q の座標は $(3, 3)$

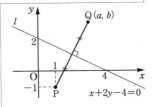

◀2点 (x_1, y_1)，(x_2, y_2) の中点 $\left(\frac{x_1+x_2}{2}, \frac{y_1+y_2}{2}\right)$

◀$\left(\frac{1+a}{2}, \frac{-1+b}{2}\right)$ を $x+2y-4=0$ に代入。

考え方 点 P と直線 l に関する対称点 Q ➡ ・直線 PQ が直線 l と垂直 ・線分 PQ の中点が直線 l 上にある

例題 97 **3点が同一直線上** ★★

3点 $(-1, 1)$, $(a, 10)$, $(1, 3a+1)$ が同一直線上にあるように定数 a の値を定めよ。

解 3点が同一直線上にあるためには，2点を通る直線の傾きが等しければよいから

$$\frac{10-1}{a-(-1)}=\frac{(3a+1)-1}{1-(-1)} \quad (a \neq -1)$$

$$3a(a+1)=18, \quad a^2+a-6=0$$

$$(a+3)(a-2)=0 \quad \text{よって，} \ a=-3, \ 2$$

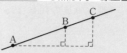

▶3点が同一線上◀

(AB の傾き)＝(AC の傾き)

別解 2点 $(-1, 1)$, $(a, 10)$ を通る直線の方程式は

$$y-1=\frac{9}{a+1}(x+1) \quad (a \neq -1)$$

点 $(1, 3a+1)$ がこの直線上にあればよいから

$$3a+1-1=\frac{9}{a+1}(1+1)$$

$$3a(a+1)=18 \ \text{より} \quad (a+3)(a-2)=0$$

よって，$a=-3, \ 2$

◀$a=-1$ のときは x 座標が等しくなり，直線 $x=-1$ となり適さない。

考え方 3点 A，B，C が同一直線上にある条件 ➡ ・(AB の傾き)＝(AC の傾き)
・A，B を通る直線上に C がある

例題 98 **三角形がつくられないための条件** ★★

3直線 $x-y+1=0$ …①, $x+3y-7=0$ …②, $mx-y-1=0$ …③ で三角形がつくられないような定数 m の値を求めよ。

解 (i) 3直線が1点で交わる場合

①，②の交点 P を求めると，②－①より

$4y-8=0$ より $y=2$

よって P$(1, 2)$

直線③が点 P を通ればよいから

$m\cdot1-2-1=0$ より $m=3$

(ii) ①と③が平行となる場合

①の傾きが1，③の傾きが m だから $m=1$

(iii) ②と③が平行となる場合

②の傾きが $-\frac{1}{3}$，③の傾きが m だから $m=-\frac{1}{3}$

よって，(i), (ii), (iii)より $m=3, \ 1, \ -\frac{1}{3}$

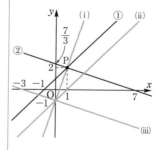

考え方 3直線が三角形をつくらない条件 ➡ ・3直線が1点で交わるとき
・2直線が平行なとき

例題 **99** 3直線で囲まれた三角形の面積 ★★★

3直線 $x+5y-3=0$ …①，$x-y+3=0$ …②，$2x+y-6=0$ …③ で囲まれた
三角形の面積 S を求めよ。

解 ①と②，②と③，①と③の交点をそれぞれ
A，B，C とすると，交点の座標は
A$(-2, 1)$，B$(1, 4)$，C$(3, 0)$ である。
点 A から直線③に引いた垂線 AH の長さは

$$\text{AH}=\frac{|2\times(-2)+1-6|}{\sqrt{2^2+1^2}}=\frac{9}{\sqrt{5}}$$ ←点と直線の距離
（例題 101 参照）

また

$$\text{BC}=\sqrt{(3-1)^2+(0-4)^2}=\sqrt{20}=2\sqrt{5}$$

よって，求める △ABC の面積 S は

$$S=\frac{1}{2}\cdot\text{BC}\cdot\text{AH}=\frac{1}{2}\cdot2\sqrt{5}\cdot\frac{9}{\sqrt{5}}=9$$

別解 点 A を原点に移すような平行移動をすると，点 B
は $(3, 3)$，点 C は $(5, -1)$ に移るから

$$S=\frac{1}{2}|3\times(-1)-3\times5|=\frac{18}{2}=9$$

←①−②より，$6y-6=0$
よって，$y=1$，$x=-2$
②＋③より，$3x-3=0$
よって，$x=1$，$y=4$
①×2−③より，$9y=0$
よって，$y=0$，$x=3$

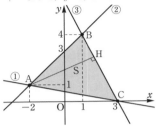

▼三角形の面積▲

O$(0, 0)$，A(x_1, y_1)，B(x_2, y_2) のとき
△OAB の面積は $S=\frac{1}{2}|x_1y_2-x_2y_1|$

（数学B＋C例題 91 参照）

例題 **100** 垂心 ★★★

3点 O$(0, 0)$，A$(6, 0)$，B$(4, 4)$ を頂点とする △OAB の各頂点から対辺に引い
た3本の垂線は1点で交わることを証明せよ。

解 直線 AB の傾きが -2 であるから，頂点 O から

辺 AB に引いた垂線の方程式は $y=\frac{1}{2}x$ …①

直線 OB の傾きが 1 だから，点 A から辺 OB に
引いた垂線の方程式は

$$y-0=-1\cdot(x-6) \quad\text{より}\quad y=-x+6 \quad\text{…②}$$

①と②の交点は $\frac{1}{2}x=-x+6$ を解いて，

$x=4$ だから $(4, 2)$

また，点 B から辺 OA に引いた垂線の方程式は

$$x=4 \quad\text{…③}$$

よって，③の直線は①，②の交点 $(4, 2)$ を通る。

ゆえに，3本の垂線は1点 $(4, 2)$ で交わる。（終）

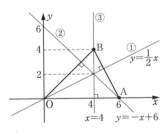

←この交点を垂心という。

考え方 3本の直線が1点で交わる ➡ 2本の直線の交点を他の1本の直線が通る

例題 101 点と直線の距離　　★★

次の点と直線の距離 d を求めよ。

(1) $(0,\ 0)$, $3x-4y-10=0$　　　　(2) $(-1,\ 4)$, $y=-\dfrac{1}{3}x+2$

解 (1) $d=\dfrac{|3\cdot0-4\cdot0-10|}{\sqrt{3^2+(-4)^2}}$

$=\dfrac{|-10|}{\sqrt{25}}=\dfrac{10}{5}=2$

(2) 直線の方程式は

$x+3y-6=0$

よって，$d=\dfrac{|1\cdot(-1)+3\cdot4-6|}{\sqrt{1^2+3^2}}$

$=\dfrac{|5|}{\sqrt{10}}=\dfrac{5}{\sqrt{10}}=\dfrac{\sqrt{10}}{2}$

▶点と直線の距離◀

点 $(x_1,\ y_1)$ と直線 $ax+by+c=0$
との距離 d は

$$d=\dfrac{|ax_1+by_1+c|}{\sqrt{a^2+b^2}}$$

◀$ax+by+c=0$
の形にしてから公式にあては
める。

考え方
・点 $(x_1,\ y_1)$ と直線 $ax+by+c=0$ との
距離を求めるときは次の公式で。

・$y=mx+n$ の式は $ax+by+c=0$ の形
の式に直してから公式にあてはめる。

点と直線の距離の公式 ➡ $d=\dfrac{|ax_1+by_1+c|}{\sqrt{a^2+b^2}}$ ◀ | の中は $ax+by+c=0$ に
点 $(x_1,\ y_1)$ を代入した式。

例題 102 放物線上の点の最短距離　　★★★

放物線 $y=x^2+1$ 上を動く点 P と直線 $y=-2x-3$ の距離の最小値を求めよ。
また，そのときの点 P の座標を求めよ。

解 放物線上の点 P を $P(t,\ t^2+1)$,

P と直線の距離を d とすると

$P(t,\ t^2+1)$ と直線 $2x+y+3=0$ の距離は

$d=\dfrac{|2\cdot t+(t^2+1)+3|}{\sqrt{2^2+1^2}}$

$=\dfrac{|t^2+2t+4|}{\sqrt{5}}$

$=\dfrac{|(t+1)^2+3|}{\sqrt{5}}$

$=\dfrac{(t+1)^2+3}{\sqrt{5}}$　◀$(t+1)^2+3\geqq3$ で絶対値
の中は正

d は $t=-1$ のとき，最小値 $\dfrac{3}{\sqrt{5}}$ をとる。

よって，最小値は $\dfrac{3\sqrt{5}}{5}$，P の座標は $P(-1,\ 2)$

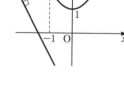

考え方 曲線 $y=f(x)$ 上を動く点 ➡ $(t,\ f(t))$ とおいて考える

例題 103　直線が通る定点　★★

直線 $(2k+1)x+(k-1)y-4k-5=0$ …① が k の値にかかわらず通る点の座標を求めよ。

解　①を k について整理して

$(2x+y-4)k+(x-y-5)=0$

←k についての恒等式と考える。

この式が，k の値にかかわらず常に成り立つためには

$2x+y-4=0$　かつ　$x-y-5=0$　であればよい。

したがって，これを解いて　$x=3$，$y=-2$

よって，求める点の座標は　**(3，−2)**

別解　$k=1$ のとき，①は直線 $3x-9=0$ より　$x=3$

$k=-\dfrac{1}{2}$ のとき，①は $-\dfrac{3}{2}y-3=0$ より　$y=-2$

←ここまでが必要条件。

逆に，$x=3$，$y=-2$ を①に代入すると

$3(2k+1)-2(k-1)-4k-5=0$

←ここからが十分条件。

となり，k の値にかかわらず成り立つ。

よって，求める点の座標は　**(3，−2)**

考え方　k の値にかかわらず定点を通る　➡　k についての恒等式とみる

定点を通る直線　➡　$(x，y\text{の式})k+(x，y\text{の式})=0$ の形に

$(x，y\text{の式})=0$，$(x，y\text{の式})=0$ を解く

例題 104　2直線の交点を通る直線　★★★

2直線 $l:x-y-1=0$，$m:2x+y-5=0$ の交点と点 $(-1，2)$ を通る直線の方程式を求めよ。

解　2直線 l，m の交点を通る直線は

$x-y-1+k(2x+y-5)=0$ …①

とおける。これが点 $(-1，2)$ を通るから

$-1-2-1+k\{2\cdot(-1)+2-5\}=0$

$-4-5k=0$ より　$k=-\dfrac{4}{5}$

これを①に代入して

$x-y-1-\dfrac{4}{5}(2x+y-5)=0$

よって，直線の方程式は　$x+3y-5=0$

▼ 2直線の交点を通る直線 ◢

2直線 $\begin{cases} ax+by+c=0 & \cdots① \\ a'x+b'y+c'=0 & \cdots② \end{cases}$

の交点を通る直線は

$ax+by+c+k(a'x+b'y+c')=0$

と表せる。

ただし，直線②は除く。

考え方　2直線 $\begin{cases} ax+by+c=0 \\ a'x+b'y+c'=0 \end{cases}$　➡　$(ax+by+c)+k(a'x+b'y+c')=0$

の交点を通る直線　とおいて考える

例題 105 　2直線を表す2次方程式　　　　★★★

座標平面上で $x^2-xy-2y^2-x+5y-2=0$ で表される図形はどのような図形か。

解 与式を x について整理して

$$x^2-(y+1)x-(2y^2-5y+2)=0 \cdots ①$$
$$x^2-(y+1)x-(2y-1)(y-2)=0$$

$$
\begin{array}{cccc}
1 & & -(2y-1) & \longrightarrow & -2y+1 \\
1 & \times & y-2 & \longrightarrow & y-2 \\
\hline
1 & & -(2y-1)(y-2) & & -y-1
\end{array}
$$

$$(x-2y+1)(x+y-2)=0$$

これから

$$x-2y+1=0 \quad または \quad x+y-2=0$$

よって，2直線 $x-2y+1=0$, $x+y-2=0$

別解 ①について，解の公式から

$$x=\frac{y+1\pm\sqrt{(y+1)^2+4(2y^2-5y+2)}}{2}$$

$$=\frac{y+1\pm\sqrt{9(y-1)^2}}{2} \quad \longleftarrow 9(y-1)^2 は 完全平方式。$$

$$=\frac{y+1\pm3(y-1)}{2} \quad より$$

$$x=2y-1, \quad x=-y+2$$

よって，2直線 $x-2y+1=0$, $x+y-2=0$

考え方 $(ax+by+c)(a'x+b'y+c')=0$

　➡　2直線 $ax+by+c=0$ と $a'x+b'y+c'=0$ を表す

例題 106 　2直線を表すための条件　　　　★★★★

方程式 $2x^2+7xy+3y^2+x+8y+a=0$ が2直線を表すように定数 a の値を定め，その2直線の方程式を求めよ。

解 与式を x について整理して

$$2x^2+(7y+1)x+(3y^2+8y+a)=0 \cdots ①$$

①の判別式を D_1 とすると

$$D_1=(7y+1)^2-8(3y^2+8y+a)$$
$$=25y^2-50y+1-8a \quad \cdots ②$$

①が x, y についての1次式の積に因数分解されるためには，②式が完全平方式になればよいから，
$25y^2-50y+1-8a=0$ の判別式を D_2 とすると

$$\frac{D_2}{4}=25^2-25(1-8a)=0 \qquad 25-(1-8a)=0$$

よって，$a=-3$

①から　$2x^2+(7y+1)x+(3y^2+8y-3)=0$

$$2x^2+(7y+1)x+(3y-1)(y+3)=0$$
$$(2x+y+3)(x+3y-1)=0$$

ゆえに，2直線は $2x+y+3=0$, $x+3y-1=0$

$\longleftarrow x$ の2次方程式とみる。

$\longleftarrow x=\dfrac{-(7y+1)\pm\sqrt{D_1}}{2}$

D_1 が完全平方式 $(\ )^2$ の形になれば $\sqrt{D_1}$ の $\sqrt{\ }$ がはずれる。

$$
\begin{array}{cccc}
2 & & y+3 & \longrightarrow & y+3 \\
1 & \times & 3y-1 & \longrightarrow & 6y-2 \\
\hline
& & & & 7y+1
\end{array}
$$

考え方 ・x, y の2次式が2直線を表すには，
　x, y の1次式の積の形になればよい。

・x の2次方程式とみて判別式 $D_1=0$，
　$D_1=0$ を y の2次方程式とみて $D_2=0$

x, y の2次式が2直線を表す ➡ x について $D_1=0 \leftarrow y$ について $D_2=0$

15 円の方程式

例題 107 円の方程式（1）　★

次の条件を満たす円の方程式を求めよ。

(1)　中心が点 $(2, -1)$ で，半径が 2 の円

(2)　中心が点 $C(-2, 3)$ で，点 $P(1, 6)$ を通る円

(3)　2 点 $A(1, 4)$，$B(3, -2)$ を直径の両端とする円

解 (1)　$(x-2)^2+(y+1)^2=4$

(2)　半径は
$$CP=\sqrt{\{1-(-2)\}^2+(6-3)^2}=\sqrt{18}=3\sqrt{2}$$
よって，$(x+2)^2+(y-3)^2=18$

(3)　中心 C は線分 AB の中点だから
$$C\left(\frac{1+3}{2}, \frac{4+(-2)}{2}\right)=(2, 1)$$
半径は　$AC=\sqrt{(2-1)^2+(1-4)^2}=\sqrt{10}$
よって，$(x-2)^2+(y-1)^2=10$

▶円の方程式◀

中心 (a, b)，半径 r の円
$$(x-a)^2+(y-b)^2=r^2$$
原点中心，半径 r の円
$$x^2+y^2=r^2$$

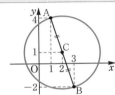

例題 108 円の方程式（2）　★★

次の条件を満たす円の方程式を求めよ。

(1)　中心が点 $C(2, -1)$ で，直線 $2x-y+5=0$ に接する円

(2)　点 $(-2, 1)$ を通り，両軸に接する円

解 (1)　求める円の半径 r は，点 C から直線に引いた
垂線 CH の長さだから
$$r=CH=\frac{|2\cdot2-(-1)+5|}{\sqrt{2^2+(-1)^2}}=\frac{10}{\sqrt{5}}=2\sqrt{5}$$
よって，$(x-2)^2+(y+1)^2=20$

(2)　点 $(-2, 1)$ は第 2 象限にあり，両軸に接する
から円の中心の座標は $(-a, a)$，半径は a（ただ
し $a>0$）とおける。したがって，円の方程式は
$$(x+a)^2+(y-a)^2=a^2 \quad \text{と表せる。}$$
これが点 $(-2, 1)$ を通るから
$$(-2+a)^2+(1-a)^2=a^2 \quad \text{より} \quad a^2-6a+5=0$$
$$(a-1)(a-5)=0 \quad \text{ゆえに} \quad a=1, 5$$
よって，
$$(x+1)^2+(y-1)^2=1, \quad (x+5)^2+(y-5)^2=25$$

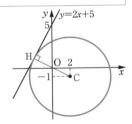

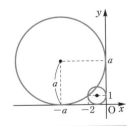

 円の方程式 ➡ どんな円か座標平面上にかいて，式のおき方を考える

57

例題 109 直線上に中心がある円の方程式　★★

中心が直線 $y=x+1$ 上にあり，2点 $(3, 0)$, $(5, 4)$ を通る円の方程式を求めよ。

解 中心が $y=x+1$ 上にあるから，中心の座標を $(t, t+1)$，半径を r とすると

$$(x-t)^2+(y-t-1)^2=r^2$$

これが，2点 $(3, 0)$, $(5, 4)$ を通るから

$$\begin{cases} (3-t)^2+(-t-1)^2=r^2 & \cdots① \\ (5-t)^2+(3-t)^2=r^2 & \cdots② \end{cases}$$

①，②より

$$(3-t)^2+(-t-1)^2=(5-t)^2+(3-t)^2$$

$$12t=24 \quad したがって \quad t=2, \ r^2=10$$

よって，$(x-2)^2+(y-3)^2=10$

←中心が直線 $y=x+1$ 上にあるから $(t, t+1)$ とおける。

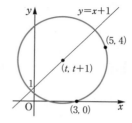

考え方 直線 $y=mx+n$ 上の点は $(t, mt+n)$ とおける

例題 110 円の中心と半径　★

次の円の中心の座標と半径を求め，その概形を図示せよ。

(1) $x^2+y^2-6x+2y+1=0$　　(2) $x^2+y^2+2x-4y=0$

解 (1) $(x-3)^2-9+(y+1)^2-1+1=0$

$(x-3)^2+(y+1)^2=9$

よって，中心 $(3, -1)$，半径 3

(2) $(x+1)^2-1+(y-2)^2-4=0$

$(x+1)^2+(y-2)^2=5$

よって，中心 $(-1, 2)$，半径 $\sqrt{5}$

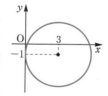

←原点を通ることに注意する。

考え方 一般形 $x^2+y^2+lx+my+n=0$ ➡ 標準形 $(x-a)^2+(y-b)^2=r^2$

例題 111 円を表すための条件　★

方程式 $x^2+y^2-2x+4y-a=0$ が円を表すように定数 a の値の範囲を求めよ。

解 与式は $(x-1)^2+(y+2)^2=a+5$ と変形できる。

これが円を表すためには，半径が正でなくてはならない。

よって，$a+5>0$ より $a>-5$

←x, y について平方完成し標準形に変形。

←$(x-a)^2+(y-b)^2=k$ が円を表すためには，$k>0$

考え方 $(x-a)^2+(y-b)^2=k$ ➡ $k>0$ ならば 中心 (a, b)，半径 $\sqrt{k}$ の円を表す

3点 $(2, 7)$，$(-5, 6)$，$(-1, -2)$ を通る円の方程式を求めよ。

解　求める円の方程式を

$$x^2+y^2+lx+my+n=0$$

とおき，与えられた3点の座標を代入すると

$$\begin{cases} 4+49+2l+7m+n=0 \\ 25+36-5l+6m+n=0 \\ 1+4-l-2m+n=0 \end{cases}$$

整理して $\begin{cases} 2l+7m+n=-53 & \cdots① \\ -5l+6m+n=-61 & \cdots② \\ -l-2m+n=-5 & \cdots③ \end{cases}$

①－②から　$7l+m=8$　　　　　$\cdots④$

②－③から　$-4l+8m=-56$ より

$$l-2m=14 \qquad \cdots⑤$$

④×2＋⑤から　$15l=30$　　$l=2$

④に代入して　$14+m=8$　　$m=-6$

③に代入して　$-2+12+n=-5$　　$n=-15$

よって，$x^2+y^2+2x-6y-15=0$

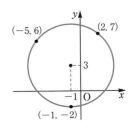

←n の係数はすべて1だから消去しやすい。

←この円は
$(x+1)^2+(y-3)^2=25$ と変形できるから中心 $(-1, 3)$，半径5の円を表し，3点を頂点とする三角形の外接円になっている。その中心は外心である。

別解　求める円の方程式を $(x-a)^2+(y-b)^2=r^2$ $(r>0)$

とおき，与えられた3点の座標を代入すると

$$\begin{cases} (2-a)^2+(7-b)^2=r^2 & \cdots① \\ (-5-a)^2+(6-b)^2=r^2 & \cdots② \\ (-1-a)^2+(-2-b)^2=r^2 & \cdots③ \end{cases}$$

①，②，③から r^2 を消去すると

$$(2-a)^2+(7-b)^2=(-5-a)^2+(6-b)^2$$
$$=(-1-a)^2+(-2-b)^2$$
$$-4a-14b+53=10a-12b+61=2a+4b+5$$

整理して $\begin{cases} 7a+b=-4 & \cdots④ \\ a-2b=-7 & \cdots⑤ \end{cases}$

④，⑤を解いて　$a=-1$，$b=3$

①に代入して　$r^2=(2+1)^2+(7-3)^2=25$

よって，$(x+1)^2+(y-3)^2=25$

←　$-4a-14b+53$
$=10a-12b+61$
$14a+2b=-8$
$7a+b=-4$ $\cdots④$
$10a-12b+61=2a+4b+5$
$8a-16b=-56$
$a-2b=-7$ $\cdots⑤$

考え方　・3点を通る円の方程式は一般形でおく。　・別解の標準形の方は計算が面倒になる。

　　　3点を通る円の方程式 ➡ $x^2+y^2+lx+my+n=0$ とおく

16 円と直線（接線）

例題 113 円と直線の共有点 ★

円 $x^2+y^2=13$ と直線 $y=x-1$ の共有点の座標を求めよ。

解 $\begin{cases} x^2+y^2=13 & \cdots① \\ y=x-1 & \cdots② \end{cases}$

とおいて，②を①に代入。

$x^2+(x-1)^2=13,\quad x^2-x-6=0$

$(x-3)(x+2)=0$ より $x=3,\ -2$

②に代入して，$x=3$ のとき $y=2$

$\qquad\qquad x=-2$ のとき $y=-3$

よって，共有点の座標は $(3,\ 2),\ (-2,\ -3)$

◀連立方程式の実数解が共有点の座標。

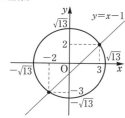

例題 114 円周上の点における接線の方程式(1) ★

次の円周上の点 P における接線の方程式を求めよ。

(1) $x^2+y^2=25,\ \mathrm{P}(4,\ -3)$ (2) $x^2+y^2=9,\ \mathrm{P}(-3,\ 0)$

解 (1) $4x-3y=25$

(2) $-3x+0\cdot y=9$

よって，$x=-3$

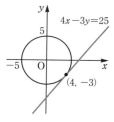

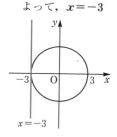

▼円の接線の方程式◀

円 $x^2+y^2=r^2$ 上の点 $(x_1,\ y_1)$ における接線の方程式は

$$x_1x+y_1y=r^2$$

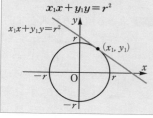

例題 115 円周上の点における接線の方程式(2) ★★

円 $(x-2)^2+(y-3)^2=5$ 上の点 $\mathrm{P}(3,\ 5)$ における接線の方程式を求めよ。

解 円の中心を $\mathrm{C}(2,\ 3)$，接線の傾きを m とすると

接線の傾きは直線 CP に垂直だから

$\dfrac{5-3}{3-2}\cdot m=-1$ より $m=-\dfrac{1}{2}$ ◀垂直条件 $mm'=-1$

接線は傾き $-\dfrac{1}{2}$ で点 $(3,\ 5)$ を通る直線だから

$y-5=-\dfrac{1}{2}(x-3)$

よって，$y=-\dfrac{1}{2}x+\dfrac{13}{2}$

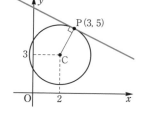

考え方 接点が円周上の接線の傾き ➡ 接点と円の中心を結ぶ線分に垂直

例題 116　円外の点から引いた接線の方程式　★★★

点 A(5, -5) から円 $x^2+y^2=10$ に引いた接線の方程式を求めよ。

解　接点を P(x_1, y_1) とおくと，接線の方程式は

$$x_1 x + y_1 y = 10$$

これが点 A を通るから，座標を代入して

$$5x_1 - 5y_1 = 10 \quad より \quad x_1 - y_1 = 2 \cdots①$$

また，点 P は円周上の点だから

$$x_1{}^2 + y_1{}^2 = 10 \qquad\qquad \cdots②$$

①，②から y_1 を消去して

$$x_1{}^2 + (x_1-2)^2 = 10 \quad x_1{}^2 - 2x_1 - 3 = 0$$

$$(x_1-3)(x_1+1) = 0 \quad より \quad x_1 = 3, \ -1$$

①より，$x_1 = 3$ のとき $y_1 = 1$,

$$x_1 = -1 \ のとき \ y_1 = -3$$

よって，$3x+y=10$, $x+3y=-10$

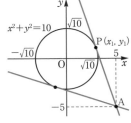

解 は接点を求めるときに有効
で，接点を求めなくてよい場合
は **別解** のほうが早い。

別解　求める接線で y 軸に平行なものはないから，傾き
を m とする接線の方程式は

$$y-(-5) = m(x-5) \quad より \quad mx-y-5m-5 = 0$$

円の中心 (0, 0) と直線との距離が半径に等しいから

$$\frac{|-5m-5|}{\sqrt{m^2+(-1)^2}} = \sqrt{10}$$

$$|5(m+1)| = \sqrt{10(m^2+1)} \qquad 両辺 2 乗して$$

$$25(m+1)^2 = 10(m^2+1), \qquad 3m^2+10m+3 = 0$$

$$(3m+1)(m+3) = 0 \quad より \quad m = -\frac{1}{3}, \ -3$$

よって，$y = -\dfrac{1}{3}x - \dfrac{10}{3}$, $y = -3x+10$

←両辺 0 以上だから，2 乗して
も同値である。

考え方　円の接線の方程式　➡　与えられた点が円周上の点か円外の点かを確認する

例題 117　接線の長さ　★★

円 $x^2+y^2+4x-2y-2=0$ に点 A(2, 5) から引いた接線の長さを求めよ。

解　与式を変形して　$(x+2)^2+(y-1)^2=7$

円の中心 C(-2, 1) から接線に垂線 CH を引くと

$$CH = r = \sqrt{7}$$

$$AC = \sqrt{(-2-2)^2+(1-5)^2} = \sqrt{32}$$

よって，求める接線の長さは

$$AH = \sqrt{AC^2-r^2} = \sqrt{32-7} = \sqrt{25} = 5$$

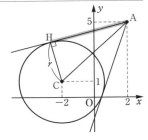

考え方　円の接線や弦の長さ　➡　三平方の定理の利用

円 $x^2+y^2=2$ と直線 $y=-2x+k$ の共有点の個数を調べよ。

解 $x^2+y^2=2$ …①, $y=-2x+k$ …②

②を①に代入すると

$x^2+(-2x+k)^2=2$ より $5x^2-4kx+k^2-2=0$

この判別式を D とすると

$$\frac{D}{4}=(-2k)^2-5(k^2-2)$$

$$=-(k^2-10)=-(k+\sqrt{10})(k-\sqrt{10})$$

よって，共有点の個数は

$\begin{cases} D>0 \quad すなわち \quad (k+\sqrt{10})(k-\sqrt{10})<0 \ より \\ \qquad -\sqrt{10}<k<\sqrt{10} \ のとき \ 2個 \\ D=0 \quad すなわち \\ \qquad k=\pm\sqrt{10} \ のとき \ 1個 \\ D<0 \quad すなわち \\ \qquad k<-\sqrt{10}, \ \sqrt{10}<k \ のとき \ 0個 \end{cases}$

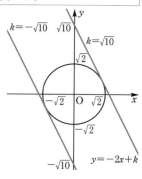

別解 円の中心 $(0, 0)$ と直線 $2x+y-k=0$ との距離を d とすると

$$d=\frac{|-k|}{\sqrt{2^2+1^2}}=\frac{|k|}{\sqrt{5}}$$

円の半径が $\sqrt{2}$ だから，共有点の個数は

$\begin{cases} d<\sqrt{2} \quad すなわち \quad |k|<\sqrt{10} \ より \\ \qquad -\sqrt{10}<k<\sqrt{10} \ のとき \ 2個 \\ d=\sqrt{2} \quad すなわち \quad |k|=\sqrt{10} \ より \\ \qquad k=\pm\sqrt{10} \ のとき \ 1個 \\ d>\sqrt{2} \quad すなわち \quad |k|>\sqrt{10} \ より \\ \qquad k<-\sqrt{10}, \ \sqrt{10}<k \ のとき \ 0個 \end{cases}$

▶**点と直線の距離**◀

点 (x_1, y_1) と
直線 $ax+by+c=0$ の距離

$$d=\frac{|ax_1+by_1+c|}{\sqrt{a^2+b^2}}$$

▶**円と直線の位置関係**◀

円と直線の位置関係は次の 3 通りである。点と直線の距離か判別式で考える。

(i) 2点で交わる
$d<r \iff D>0$

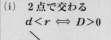

(ii) 接する
$d=r \iff D=0$

(iii) 共有点なし
$d>r \iff D<0$

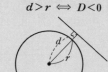

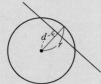

考え方 円と直線の位置関係 ➡ 点と直線の距離の公式が有効

17 放物線と直線

例題 119	放物線と直線の位置関係	★★

放物線 $y=2x^2-2x+3$ と直線 $y=2x+k$ の共有点の個数を調べよ。

解 $2x^2-2x+3=2x+k$ とおくと

$\qquad 2x^2-4x+3-k=0$

この判別式を D とすると

$$\frac{D}{4}=4-2(3-k)=2(k-1)$$

よって，共有点の個数は

$\begin{cases} D>0 \quad \text{すなわち} \quad \boldsymbol{k>1} \text{ のとき 2 個} \\ D=0 \quad \text{すなわち} \quad \boldsymbol{k=1} \text{ のとき 1 個} \\ D<0 \quad \text{すなわち} \quad \boldsymbol{k<1} \text{ のとき 0 個} \end{cases}$

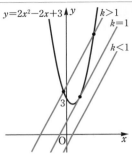

考え方	放物線と直線の位置関係 ➡ 連立させて判別式 D をとる

例題 120	放物線が直線から切り取る線分の長さ	★★★

放物線 $y=x^2+2x+2$ が直線 $y=x+3$ から切り取る線分の長さを求めよ。

解 $x^2+2x+2=x+3$ とおくと

$x^2+x-1=0$ より $x=\dfrac{-1\pm\sqrt{5}}{2}$

2 解を α, β $(\alpha<\beta)$ とおくと

$\alpha=\dfrac{-1-\sqrt{5}}{2}$, $\beta=\dfrac{-1+\sqrt{5}}{2}$

$\beta-\alpha=\dfrac{-1+\sqrt{5}}{2}-\dfrac{-1-\sqrt{5}}{2}=\sqrt{5}$

放物線と直線の共有点を $\mathrm{A}(\alpha,\ \alpha+3)$, $\mathrm{B}(\beta,\ \beta+3)$

とおくと，求める切り取る線分の長さは

$\mathrm{AB}=\sqrt{(\beta-\alpha)^2+\{(\beta+3)-(\alpha+3)\}^2}$

$\quad =\sqrt{(\beta-\alpha)^2+(\beta-\alpha)^2}=\sqrt{2(\beta-\alpha)^2}$

$\quad =\sqrt{2}\,(\beta-\alpha)=\sqrt{2}\cdot\sqrt{5}=\sqrt{10}$

別解 直線の傾きが 1 だから，直角二等辺三角形の辺の

比から

$\mathrm{AB}=\sqrt{2}\,(\beta-\alpha)=\sqrt{2}\cdot\sqrt{5}=\sqrt{10}$

◀α, β を求めなくても解と係数の関係から

$\alpha+\beta=-1$, $\alpha\beta=-1$

よって，切り取る線分の長さは

$\mathrm{AB}=\sqrt{2(\beta-\alpha)^2}$

$\quad =\sqrt{2\{(\alpha+\beta)^2-4\alpha\beta\}}$

$\quad =\sqrt{2\{(-1)^2-4\cdot(-1)\}}$

$\quad =\sqrt{2\times5}=\sqrt{10}$

考え方	・放物線と直線 $y=mx+n$ の交点を $\mathrm{A}(\alpha,\ m\alpha+n)$, $\mathrm{B}(\beta,\ m\beta+n)$ とおいて求めてもよい。 ・直線の傾きが m だから，直角三角形の辺の比を利用して $\sqrt{1+m^2}|\beta-\alpha|$ として求めることもできる。	

例題 118 | 120

◀18▶ 円に関する種々の問題

例題 121　切り取る弦の長さ　★★

円 $x^2+y^2=36$ が直線 $x-2y+10=0$ から切り取る線分の長さを求めよ。

解 円と直線の交点を A，B とし，円の中心 O から直線に垂線 OH を引く。

$$OH=\frac{|10|}{\sqrt{1^2+(-2)^2}}=\frac{10}{\sqrt{5}}=2\sqrt{5}$$

$OA^2=AH^2+OH^2$ より　$AH=\sqrt{OA^2-OH^2}$

円の半径が 6 だから　$OA=6$

よって，$AB=2AH=2\sqrt{6^2-(2\sqrt{5})^2}$

$$=2\sqrt{16}=8$$

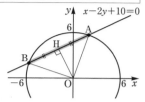

←△OAH に三平方の定理を適用。

考え方 円の弦の長さ　➡　中心から弦に垂線を下ろし，三平方の定理で求める

例題 122　極線の方程式　★★★

点 P$(3,\ -1)$ から円 $x^2+y^2=5$ に引いた 2 本の接線の接点を A，B とするとき，直線 AB の方程式を求めよ。

解 2 つの接点を A$(x_1,\ y_1)$，B$(x_2,\ y_2)$ とすると，

A における接線の方程式は　$x_1x+y_1y=5$

B における接線の方程式は　$x_2x+y_2y=5$

これが，ともに点 $(3,\ -1)$ を通ることから

　$3x_1-y_1=5$，$3x_2-y_2=5$

これより，2 点 A，B はともに直線 $3x-y=5$ 上にあることがわかる。

よって，直線 AB の方程式は　$3x-y=5$

←$3x_1-y_1=5$，$3x_2-y_2=5$
は，直線 $3x-y=5$ に
2 点 $(x_1,\ y_1)$，$(x_2,\ y_2)$
を代入した式である。
直線は 2 点で決まるから，
2 点を $3x-y=5$ に代入して
成り立てば，その 2 点を通る
直線は $3x-y=5$ である。

別解 接点を $(x_1,\ y_1)$ とおくと，接線の方程式は

　$x_1x+y_1y=5$

点 P を通るから　$3x_1-y_1=5$　　　　　…①

また，接点は円周上の点だから　$x_1^2+y_1^2=5$ …②

①，②の連立方程式を解いて　A$(1,\ -2)$，B$(2,\ 1)$

この 2 点を通る直線だから　$3x-y=5$

▶円の極線の方程式◀

円 $x^2+y^2=r^2$ 外の点 P$(x_1,\ y_1)$ から引いた 2 本の接線の接点を結ぶ直線を極線，点 P を極という。極線の方程式は次の式で表される。

$$x_1x+y_1y=r^2 \quad \text{（公式）}$$

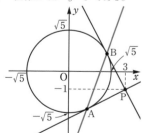

例題 123 円周上の点との最小距離 ★★

円 $x^2+y^2-2x-10y+17=0$ 上の点 P と，直線 $3x-4y-3=0$ 上の点 Q との
距離の最小値を求めよ。

解 $(x-1)^2+(y-5)^2=9$ より，

円の中心 C の座標は $(1,\ 5)$，半径 $r=3$ であり，
点 C と直線との距離 d は

$$d=\frac{|3\cdot1-4\cdot5-3|}{\sqrt{3^2+(-4)^2}}=\frac{20}{5}=4$$

よって，距離の最小値は右図から

$$d-r=4-3=1$$

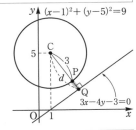

考え方 円周上の点との距離 ➡ 円の中心からの距離で考える

例題 124 2つの円の位置関係 ★★

(1) 2円 $C_1:x^2+y^2=4$，$C_2:(x-3)^2+y^2=a^2$（$a>0$）が接するとき，定数 a
の値を求めよ。

(2) 2円 $C_1:(x-2)^2+y^2=9$，$C_2:(x-a)^2+y^2=1$ の共有点が 2 個であるよう
な定数 a の値の範囲を求めよ。

解 (1) 中心 $(0,\ 0)$，半径 2 の円 C_1 と，

中心 $(3,\ 0)$，半径 a の円 C_2 が

外接するのは $2+a=3$ $a=1$

内接するのは $|2-a|=3$ $2-a=\pm3$

$a>0$ より $a=5$

よって，定数 a の値は $a=1,\ 5$

(2) 円 C_1 の中心は点 $(2,\ 0)$，半径は 3

円 C_2 の中心は点 $(a,\ 0)$，半径は 1

この 2 円が 2 点を共有するためには

$$3-1<|a-2|<3+1 \quad より \quad 2<|a-2|<4$$

よって，

$$-4<a-2<-2 \quad または \quad 2<a-2<4$$

ゆえに，$-2<a<0,\ 4<a<6$

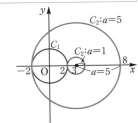

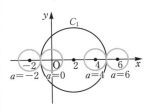

▼2円の位置関係◀

2円の半径を r_1，r_2（$r_1>r_2$），中心間の距離を d とすると

| 離れている $d>r_1+r_2$ | 外接 $d=r_1+r_2$ | 2点を共有 $r_1-r_2<d<r_1+r_2$ | 内接 $d=r_1-r_2$ | 含まれる $d<r_1-r_2$ |

例題 125 円と直線の交点を通る円 ★★★

円 $x^2+y^2-x+2y-3=0$ と直線 $x+y+1=0$ の 2 つの共有点および，

点 $(2，-2)$ を通る円の方程式を求めよ。

解 円と直線の共有点を通る円の方程式は

$x^2+y^2-x+2y-3+k(x+y+1)=0$ …①

と表せる。

これが点 $(2，-2)$ を通るから

$4+4-2-4-3+k(2-2+1)=0$

よって，$k=1$

①に代入して $x^2+y^2-x+2y-3+(x+y+1)=0$

ゆえに，$x^2+y^2+3y-2=0$

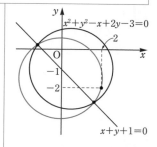

考え方 円 $f(x，y)=0$ と直線 $g(x，y)=0$ の交点を通る円の方程式 ➡ $f(x，y)+kg(x，y)=0$ と表せる

例題 126 2 円の交点を通る曲線 ★★★

2 円 $C_1：x^2+y^2-2x-9=0$，$C_2：x^2+y^2+4x-6y-3=0$ について，次の問い

に答えよ。

(1) 2 円の共有点を通る直線 l（共通弦）の方程式を求めよ。

(2) 2 円の共有点および点 $(-4，1)$ を通る円 C の方程式を求めよ。

解 2 円の共有点を通る円または直線の方程式は

$(x^2+y^2-2x-9)+k(x^2+y^2+4x-6y-3)=0$

…①

と表せる。

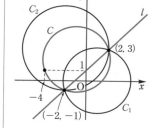

(1) ①が直線を表すのは $k=-1$ のときで

$(x^2+y^2-2x-9)-(x^2+y^2+4x-6y-3)=0$

$-6x+6y-6=0$

よって，$l：x-y+1=0$

(2) ①が点 $(-4，1)$ を通るから

$(16+1+8-9)+k(16+1-16-6-3)=0$

$16-8k=0$ より $k=2$

①に代入して，

$(x^2+y^2-2x-9)+2(x^2+y^2+4x-6y-3)=0$

よって，$C：x^2+y^2+2x-4y-5=0$

考え方 2 円 $f(x，y)=0$，$g(x，y)=0$ の交点を通る円または直線 ➡ $f(x，y)+kg(x，y)=0$ と表せる （$k=-1$ のとき直線を表す）

次の2つの円の両方に接する直線の方程式を求めよ。

$C_1 : x^2 + y^2 = 16$, $C_2 : (x-5)^2 + y^2 = 1$

解 円 C_1 上の接点を (x_1, y_1) とおくと, 接線の方程式は

$$x_1 x + y_1 y = 16 \qquad \cdots ①$$

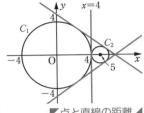

①が円 C_2 に接するためには, 中心 $(5, 0)$ との距離が半径1に等しければよいので

$$\frac{|5x_1 - 16|}{\sqrt{x_1{}^2 + y_1{}^2}} = 1 \quad \text{から} \quad |5x_1 - 16| = \sqrt{x_1{}^2 + y_1{}^2} \ \cdots ②$$

また, 点 (x_1, y_1) は円 C_1 上の点だから

$$x_1{}^2 + y_1{}^2 = 16 \qquad \cdots ③$$

②, ③から $\quad |5x_1 - 16| = \sqrt{16} = 4$

$5x_1 - 16 = \pm 4 \qquad$ よって, $x_1 = 4, \dfrac{12}{5}$

③に代入して

$x_1 = 4$ のとき $\quad y_1 = 0$, $\quad x_1 = \dfrac{12}{5}$ のとき $\quad y_1 = \pm \dfrac{16}{5}$

よって, 接点の座標は $(4, 0)$, $\left(\dfrac{12}{5}, \pm \dfrac{16}{5} \right)$

①に代入して $\quad 4x = 16$, $\quad \dfrac{12}{5}x \pm \dfrac{16}{5}y = 16$

ゆえに, 共通接線の方程式は $\quad \boldsymbol{x = 4, \ 3x \pm 4y = 20}$

別解 図から, 直線 $x = 4$ は明らかに共通接線であるから, 他の共通接線を $y = mx + n$ すなわち

$mx - y + n = 0$ とおくと, 2円に接するためには

$$\frac{|n|}{\sqrt{m^2+1}} = 4 \ \cdots ①, \quad \frac{|5m+n|}{\sqrt{m^2+1}} = 1 \ \cdots ②$$

①, ②より $\quad |n| = 4|5m+n|$, $\quad n = \pm 4(5m+n)$

これから $n = -\dfrac{20}{3}m \ \cdots ③$ または $n = -4m \ \cdots ④$

また, ①より $\quad n^2 = 16(m^2 + 1) \qquad \cdots ⑤$

③, ⑤から $\quad \dfrac{400}{9}m^2 = 16(m^2+1) \qquad m^2 = \dfrac{9}{16}$

よって, $m = \pm \dfrac{3}{4}$, $n = \mp 5$ （複号同順）

④, ⑤から $\quad 16m^2 = 16(m^2+1) \qquad m^2 = m^2 + 1$

これを満たす m は存在しない。

ゆえに, $x = 4$, $y = \dfrac{3}{4}x - 5$, $y = -\dfrac{3}{4}x + 5$

▮ **点と直線の距離** ▮

点 $\mathrm{P}(x_1, y_1)$ と直線
$ax + by + c = 0$ の距離は
$$\frac{|ax_1 + by_1 + c|}{\sqrt{a^2 + b^2}}$$

◀ $y_1 = \pm \sqrt{16 - x_1{}^2}$

◀円 C_1, C_2 の中心から接線までの距離がそれぞれの半径に等しい。

考え方 2円の共通接線 ➡ 点と直線の距離の公式で

19 軌跡と方程式

例題 128 2点からの距離条件を満たす点の軌跡 ★★

2点 A$(-3, 2)$，B$(1, -2)$ について，次の条件を満たす点 P の軌跡を求めよ。

(1) AP$=$BP   (2) AP$^2+$BP$^2=18$

解 条件を満たす点 P の座標を (x, y) とする。

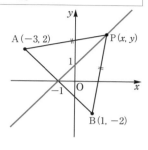

(1) AP$^2=$BP^2 より

$$(x+3)^2+(y-2)^2=(x-1)^2+(y+2)^2$$

$$x^2+6x+9+y^2-4y+4=x^2-2x+1+y^2+4y+4$$

整理して $x-y+1=0$

逆に，この直線上の点は条件を満たす。

よって，求める点 P の軌跡は

直線 $x-y+1=0$

参考 この直線は線分 AB の垂直二等分線である。

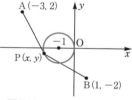

(2) $(x+3)^2+(y-2)^2+(x-1)^2+(y+2)^2=18$

整理して $x^2+2x+y^2=0$

よって，$(x+1)^2+y^2=1$

すなわち，求める点 P の軌跡は

中心 $(-1, 0)$，半径 1 の円

◥軌跡の方程式の求め方◤

(1) 条件を満たす点の座標を P(x, y) とおき，点 P が満たすべき条件を式で表す。

(2) その条件式を整理し，軌跡の方程式が表す図形を求める。

(3) 逆に，その図形上のすべての点が条件を満たしているかどうか（必要条件。「軌跡の限界」という。）を調べる。ただし，逆が明らかな場合は省略してもよい。

例題 129 2直線の交角の二等分線 ★★★

2直線 $y=\dfrac{4}{3}x$，$y=-\dfrac{5}{12}x$ の交角を2等分する直線の方程式を求めよ。

解 角の二等分線上の点を P(x, y) とおくと，2直線

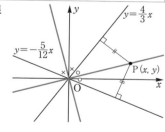

$4x-3y=0$，$5x+12y=0$

までの距離が等しいから

$$\frac{|4x-3y|}{\sqrt{4^2+(-3)^2}}=\frac{|5x+12y|}{\sqrt{5^2+12^2}}$$

$$13|4x-3y|=5|5x+12y|$$

$$13(4x-3y)=\pm5(5x+12y) \quad \Leftarrow |A|=|B|$$
$$\Longleftrightarrow A=\pm B$$

よって，求める直線の方程式は

$3x-11y=0$，$11x+3y=0$

考え方 角の二等分線上の点 ➡ その角をつくる2直線までの距離が等しい

2章

図形と方程式

例題 130　アポロニウスの円　★★

2点 $A(-3, 0)$, $B(6, 0)$ に対して，$AP:BP=1:2$ を満たす点 P の軌跡を求めよ。

解　$P(x, y)$ とおく。

条件から　$2AP=BP$

両辺を2乗して　$4AP^2=BP^2$

$$4\{(x+3)^2+y^2\}=(x-6)^2+y^2$$

整理して　$x^2+12x+y^2=0$

すなわち　$(x+6)^2+y^2=36$

よって，求める軌跡は

中心 $(-6, 0)$，半径6の円

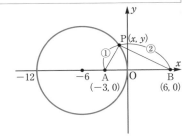

▶アポロニウスの円◀

・平面上の2定点 A，B からの距離の比が $m:n$ $(m\neq n)$ で一定であるような点 P の軌跡は右図の円である。

・右図の，点 C は線分 AB を $m:n$ に内分する点
　　　　点 D は線分 AB を $m:n$ に外分する点
で，線分 CD を直径の両端する円である。
この円をアポロニウスの円という。

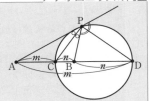

例題 131　媒介変数で表された図形　★★

点 $P(x, y)$ が媒介変数 t を用いて，次のように表されるとき，点 P はどのような図形上にあるか。

(1) $\begin{cases} x=t+2 \\ y=2t+3 \end{cases}$　　(2) $\begin{cases} x=t-1 \\ y=t^2-t \end{cases}$　　(3) $\begin{cases} x=t^2+1 \\ y=2t^2-2 \end{cases}$

解　(1)　$t=x-2$ より　$y=2(x-2)+3=2x-1$

よって，**直線 $y=2x-1$** 上にある。

(2)　$t=x+1$ より

$$y=(x+1)^2-(x+1)$$
$$=x^2+2x+1-x-1=x^2+x$$

よって，**放物線 $y=x^2+x$** 上にある。

(3)　$t^2=x-1$ …① より

$$y=2(x-1)-2=2x-4$$

ただし，t は実数なので，①において

$t^2 \geqq 0$ から　$x-1 \geqq 0$　したがって　$x \geqq 1$

よって，**直線 $y=2x-4$ の $x \geqq 1$** の部分上にある。

考え方　媒介変数 t で表された曲線 $\begin{cases} x=f(t) \\ y=g(t) \end{cases}$ ➡ t を消去して x, y の関係式に！
（その際，x のとりうる値の範囲に注意）

例題 132 動点によって定まる点の軌跡(1) ★★★

点 P が放物線 $y=x^2$ 上を動くとき，点 A$(2, -2)$ と点 P を結ぶ線分 AP の中点 Q の軌跡の方程式を求めよ。

解 P(s, t)，Q(x, y) とおくと，

点 P は $y=x^2$ の上の点だから

$$t=s^2 \qquad \cdots\text{①}$$

点 Q は線分 AP の中点だから

$$x=\frac{s+2}{2}, \quad y=\frac{t-2}{2} \qquad \cdots\text{②}$$

②より $s=2x-2$，$t=2y+2$

①に代入して $2y+2=(2x-2)^2$ ← t, s を消去して x, y の関係式にする。

$$2(y+1)=4(x-1)^2$$

すなわち $y=2(x-1)^2-1$ $\cdots$③

よって，求める軌跡は**放物線 $y=2x^2-4x+1$**

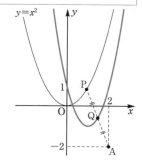

考え方 step 1：動点 P の座標を (s, t)，求める軌跡上の点を Q(x, y) とする。
step 2：条件に従って2点 P，Q の関係式②を求める。
step 3：②の式を①に代入して s, t を消去し，x, y の関係式③を求める。

例題 133 動点によって定まる点の軌跡(2) ★★★

円 $x^2+y^2=9$ 上の動点 P，原点 O，点 A$(6, 0)$ の3点を頂点とする △OAP の重心 G の軌跡の方程式を求めよ。

解 P(s, t)，G(x, y) とおくと，点 P は円 $x^2+y^2=9$ 上の点だから

$$s^2+t^2=9 \qquad \cdots\text{①}$$

ただし，△OAP がつくられるためには

$$t \neq 0 \qquad \cdots\text{②}$$ ←P が x 軸上にあるとき，三角形はできない。

点 G は △OAP の重心だから

$$x=\frac{s+6}{3}, \quad y=\frac{t}{3} \text{ より}$$

$$s=3x-6, \quad t=3y \cdots\text{③}$$

③を①に代入して $(3x-6)^2+(3y)^2=9$

すなわち $(x-2)^2+y^2=1$

ただし，②，③より $y \neq 0$ だから2点 $(1, 0)$，$(3, 0)$ は除かれる。よって，求める軌跡は

円 $(x-2)^2+y^2=1$，ただし，2点 $(1, 0)$，$(3, 0)$ を除く。

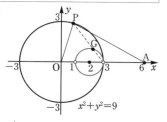

←両辺を9で割るとき，（ ）^{2} の中は3で割ることになる。

←$y=0$ のとき，$(x-2)^2=1$ より $x=1, 3$

考え方 軌跡の限界 ➡ 求めた軌跡上の点で条件を満たさない点を除く

例題 134　放物線の頂点の軌跡　★★

放物線 $y=x^2-2ax+2a^2-a$ において，実数 a の値が変化するとき，頂点の軌跡を求めよ。

解 $y=x^2-2ax+2a^2-a=(x-a)^2+a^2-a$ より

頂点の座標は $(a,\ a^2-a)$

ここで，頂点を $(x,\ y)$ とおいて

$\quad x=a$ …①，$y=a^2-a$ …②

として，①，② より a を消去すると

$\quad y=x^2-x$

よって，求める軌跡は**放物線 $y=x^2-x$**

← 頂点を $(x,\ y)$ とおくと，a は $x,\ y$ の媒介変数となっている。

← 軌跡は a を消去して，$x,\ y$ の関係式にする。

考え方　実数 a が変化するときの点 $P(x,\ y)$ の軌跡 ➡ $x=(a\text{ の式})$，$y=(a\text{ の式})$ として a を消去，$x,\ y$ の関係式に

例題 135　切り取る線分の中点の軌跡　★★★★

放物線 $y=-x^2+4x-1$ …① と直線 $y=mx$ …② が異なる 2 点 A，B で交わっているとき，次の問いに答えよ。

(1) 定数 m のとりうる値の範囲を求めよ。

(2) m の値が(1)の範囲で変化するとき，線分 AB の中点 M の軌跡を求めよ。

解 (1) ①，② より　$-x^2+4x-1=mx$

$\quad\quad x^2+(m-4)x+1=0$ …③

③が異なる 2 つの実数解をもてばよいから

$\quad D=(m-4)^2-4=(m-2)(m-6)>0$

よって　$m<2,\ 6<m$　　　…④

(2) ③の 2 解を $\alpha,\ \beta$，線分 AB の中点を $M(x,\ y)$ とおくと，解と係数の関係から

$\quad \alpha+\beta=-(m-4)$　だから

$\quad x=\dfrac{\alpha+\beta}{2}=\dfrac{-m+4}{2}$

← $\begin{cases} x=\dfrac{-m+4}{2} \\ y=mx \end{cases}$ から m を消去。

$\quad m=4-2x$ …⑤

$\quad y=mx=(4-2x)x=-2x^2+4x$

ただし，④，⑤ より　$4-2x<2,\ 6<4-2x$

すなわち　$x<-1,\ 1<x$

よって，求める軌跡は　**放物線 $y=-2x^2+4x$ の $x<-1,\ 1<x$ の部分**

考え方　放物線と直線の切り取る線分の中点の軌跡 ➡ 中点の x 座標は解と係数の関係を利用　$x=\dfrac{\alpha+\beta}{2}$ は交点を求めないでも求まる

71

2章

図形と方程式

k の値が変化するとき，2直線 $kx-y+1=0$ …①，$x+k(y-1)-2=0$ …②
の交点の軌跡を求めよ。

解 ①より $kx=y-1$

(i) $x \neq 0$ のとき $k=\dfrac{y-1}{x}$

②に代入して $x+\dfrac{(y-1)^2}{x}-2=0$

$x^2+(y-1)^2-2x=0$ よって
$(x-1)^2+(y-1)^2=1$

ただし，$x=0$ のときの点 $(0, 1)$ は除く。

(ii) $x=0$ のとき，①より $y=1$

このとき，②は $0+k\cdot0-2=0$ となり②を満た
さない。

(i)，(ii)より，求める軌跡は

円 $(x-1)^2+(y-1)^2=1$
ただし，点 $(0, 1)$ を除く。

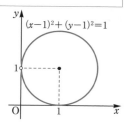

← $x=0$，$y=1$ は，①は満たすが
②は満たさないから除く。

別解 ①の $y=kx+1$ は，定点 $A(0, 1)$ を通り，傾き k
の直線を表し，②は定点 $B(2, 1)$ を通り，$k \neq 0$ の
とき傾き $-\dfrac{1}{k}$ の直線を表す。

①，②は $k\cdot\left(-\dfrac{1}{k}\right)=-1$ より，直交する。

①，②の交点を P とすると，$\angle APB=90°$ より，
点 P は線分 AB を直径とする円周上にある。
ただし，①は直線 $x=0$，②は直線 $y=1$ を表せな
いから，点 $A(0, 1)$ は除く。
よって，求める軌跡は，

点 $(1, 1)$ を中心とする半径 1 の円
ただし，点 $(0, 1)$ を除く。

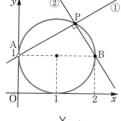

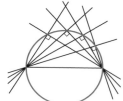

考え方

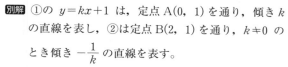

・実際に，①，②の式から交点を求めると，
$x=\dfrac{2}{k^2+1}$，$y=\dfrac{(k+1)^2}{k^2+1}$ となる。

・この2式から k を消去して，x，y の関
係式を導けばよい。

・この解答は交点を求めることをしないで
直接 k を消去している。やっているこ
とは同じである。

・別解は，2直線が垂直に交わることに着
目して，図形的に求めたものである。

変数を含む2直線の交点の軌跡 ➡ 直接変数を消去して，x，y の関係式に

20 不等式と領域(1)

例題 137 直線と領域 ★

次の不等式で表される領域を図示せよ。

(1) $y > -\dfrac{1}{3}x + 1$
(2) $2x - y - 2 \geqq 0$
(3) $2x + 1 < 0$

解 (1) 求める領域は灰色部分。 (2) $y \leqq 2x - 2$

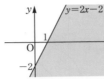

(3) $x < -\dfrac{1}{2}$

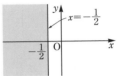

境界は含まない。　境界を含む。　境界は含まない。

考え方 $y > mx + n$ ➡ 直線 $y = mx + n$ の上側　$x > k$ ➡ 直線 $x = k$ の右側
$y < mx + n$ ➡ 直線 $y = mx + n$ の下側　$x < k$ ➡ 直線 $x = k$ の左側

例題 138 円と領域 ★

次の不等式で表される領域を図示せよ。

(1) $x^2 + y^2 \geqq 2$
(2) $x^2 + y^2 + 2x - 4y < 0$

解 (1)

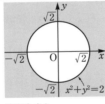

境界を含む。

(2) $(x+1)^2 + (y-2)^2 < 5$

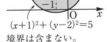

$(x+1)^2 + (y-2)^2 = 5$
境界は含まない。

▶円と領域◀
・$(x-a)^2 + (y-b)^2 < r^2$
　円の内部
・$(x-a)^2 + (y-b)^2 > r^2$
　円の外部

例題 139 いろいろな不等式の領域 ★★

次の不等式で表される領域を図示せよ。

(1) $y \leqq -x^2 + 1$
(2) $y > |x+1|$

解 (1)

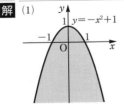

境界を含む。

(2) $x \geqq -1$ のとき $y > x + 1$
$x < -1$ のとき $y > -x - 1$

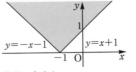

境界は含まない。

▶$y > |f(x)|$ のグラフ◀
$y = f(x)$ のグラフの $y < 0$
の部分を x 軸で折り返す。

考え方 $y > f(x)$ ➡ 曲線 $y = f(x)$ の上側，$y < f(x)$ ➡ 曲線 $y = f(x)$ の下側

例題 140 連立不等式で表される領域 ★★

次の連立不等式で表される領域を図示せよ。

(1) $\begin{cases} x-y-4>0 \\ 3x+2y+3>0 \end{cases}$ (2) $\begin{cases} x^2+y^2>5 \\ x-y+1<0 \end{cases}$ (3) $\begin{cases} x^2+y^2\leqq4 \\ 4y\leqq x^2-4 \end{cases}$

解 (1) $\begin{cases} y<x-4 \\ y>-\dfrac{3}{2}x-\dfrac{3}{2} \end{cases}$ (2) $\begin{cases} x^2+y^2>5 \\ y>x+1 \end{cases}$ (3) $\begin{cases} x^2+y^2\leqq4 \\ y\leqq\dfrac{1}{4}x^2-1 \end{cases}$

より，下図の灰色部分。　　　より，下図の灰色部分。　　　より，下図の灰色部分。

ただし，境界は含まない。　　ただし，境界は含まない。　　ただし，境界を含む。

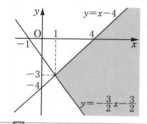 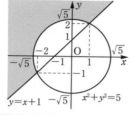 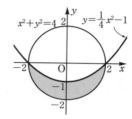

考え方 連立不等式の表す領域 ➡ それぞれの領域の共通部分をとる

例題 141 正領域と負領域 ★★

$f(x, y)=x-2y+2$ について，2点 A$(-1, 2)$，B$(1, -1)$ がそれぞれ $f(x, y)$ の正領域と負領域のどちらにあるかを答え，$f(x, y)$ の正領域を図示せよ。

解 A$(-1, 2)$ を代入して

$f(-1, 2)=-1-2\cdot2+2=-3<0$ より

点 A は負領域にある。

B$(1, -1)$ を代入して

$f(1, -1)=1-2\cdot(-1)+2=5>0$ より

点 B は正領域にある。

$f(x, y)$ の正領域は，境界線の直線

$x-2y+2=0$

に対して正領域にある点 B が含まれる側だから

右図の灰色部分。ただし，境界は含まない。

考え方 曲線 $f(x, y)=0$ を境界 ➡ $f(x, y)>0$ を満たす領域を正領域 $\Big\}$という

とするとき　　　　　　　　　　$f(x, y)<0$ を満たす領域を負領域

正領域か負領域かは ➡ 点 (x, y) を $f(x, y)$ に代入してその値の 正，負を調べる

次の不等式で表される領域を図示せよ。

(1) $(2x-y+1)(x+y+2)>0$　　(2) $x(x-y)(x^2+y^2-1)\leqq 0$

解 (1) $(2x-y+1)(x+y+2)>0$

$$\begin{cases} 2x-y+1>0 \\ x+y+2>0 \end{cases} \text{ または } \begin{cases} 2x-y+1<0 \\ x+y+2<0 \end{cases}$$

$$\Longleftrightarrow \begin{cases} y<2x+1 \\ y>-x-2 \end{cases} \cdots① \text{ または } \begin{cases} y>2x+1 \\ y<-x-2 \end{cases} \cdots②$$

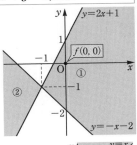

よって，求める領域は右図の灰色部分。

ただし境界は含まない。

(2) $x(x-y)(x^2+y^2-1)\leqq 0$

$$\begin{cases} x\geqq 0 \\ x-y\geqq 0 \\ x^2+y^2-1\leqq 0 \end{cases} \cdots① \quad \begin{cases} x\geqq 0 \\ x-y\leqq 0 \\ x^2+y^2-1\geqq 0 \end{cases} \cdots②$$

$$\begin{cases} x\leqq 0 \\ x-y\geqq 0 \\ x^2+y^2-1\geqq 0 \end{cases} \cdots③ \quad \begin{cases} x\leqq 0 \\ x-y\leqq 0 \\ x^2+y^2-1\leqq 0 \end{cases} \cdots④$$

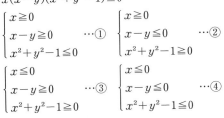

①〜④のいずれかを満たす領域だから，

求める領域は右図の灰色部分。ただし，境界を含む。

別解 (1) $f(x,\ y)=(2x-y+1)(x+y+2)$ とおくと，境界線は $f(x,\ y)=0$ より

2直線 $2x-y+1=0,\ x+y+2=0$

ここで，境界線上にない1点として原点 $(0,\ 0)$ をとると

$f(0,\ 0)=1\cdot 2=2>0$　　←$(0,\ 0)$ は不等式を満たす点。

より，$f(x,\ y)$ の正領域に属する。領域は，正領域と負領域に分ける境界線に対して交互に現れるから，図のようになる。

(2) $f(x,\ y)=x(x-y)(x^2+y^2-1)$ とおくと，境界線は $f(x,\ y)=0$ より

2直線 $x=0,\ y=x$ と円 $x^2+y^2=1$

ここで，境界線上にない1点 $(2,\ 0)$ を代入すると

$f(2,\ 0)=2\cdot(2-0)\cdot(4+0-1)=12>0$　　←$(2,\ 0)$ は不等式を満たさない点。

よって，点 $(2,\ 0)$ は $f(x,\ y)$ の正領域に属するから，点 $(2,\ 0)$ を含まない領域が適する。正領域と負領域に分ける境界線に対して交互に現れるから，図のようになる。

考え方
・積の形 $f(x,\ y)\cdot g(x,\ y)\geqq 0$ で表された不等式の領域は，まず，$f(x,\ y)=0$，$g(x,\ y)=0$ として境界をかく。

・それから境界線上にない1点 $(a,\ b)$ を代入して，$f(a,\ b)\cdot g(a,\ b)>0$ または $f(a,\ b)\cdot g(a,\ b)<0$ を調べる。

正領域と負領域 ➡ 境界線に関して交互に現れる

例題 143 直線の通過領域 ★★★★

t を実数とするとき,直線 $l : y = -2(t+1)x + t^2 + 1$ について次の問いに答えよ。

(1) 直線 l が点 $A(-2, 0)$ を通ることができるか調べよ。

(2) t がすべての実数値をとるとき,直線 l の通りうる領域を図示せよ。

解 (1) 直線の式に,$x = -2$,$y = 0$ を代入すると

$0 = -2(t+1) \cdot (-2) + t^2 + 1$ より

$t^2 + 4t + 5 = 0$

◀点 $(-2, 0)$ を代入して成り立つ t が存在すれば点は直線上にあり,t が存在しなければ点は直線上にない。

この判別式を D とすると $\dfrac{D}{4} = 4 - 5 = -1 < 0$

よって,実数解が存在しないから,**点 A を通ることはできない。**

(2) t について整理して

$t^2 - 2xt + 1 - 2x - y = 0$

これを満たす実数 t が存在するためには,$D \geqq 0$ であればよい。

$\dfrac{D}{4} = x^2 - (1 - 2x - y) \geqq 0$

$y \geqq -(x+1)^2 + 2$

◀t の2次方程式とみると $D < 0$ のとき,t は虚数になってしまう。

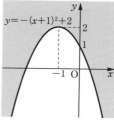

よって,求める領域は右図の灰色部分。ただし境界を含む。

考え方 直線の通過領域 ➡ 実数 t の2次方程式とみて,実数解をもつ条件をとる

例題 144 点 $(\alpha + \beta, \alpha\beta)$ の存在領域 ★★★★

点 $P(\alpha, \beta)$ が $\alpha^2 + \beta^2 \leqq 4$ を満たしながら動くとき,点 $Q(\alpha + \beta, \alpha\beta)$ の存在範囲を図示せよ。

解 $Q(x, y)$ とし $\alpha + \beta = x$,$\alpha\beta = y$ …① とおくと ◀x, y の関係式を導くことを考える。

$\alpha^2 + \beta^2 = (\alpha + \beta)^2 - 2\alpha\beta \leqq 4$ だから,①を代入して

$x^2 - 2y \leqq 4$ よって $y \geqq \dfrac{1}{2}x^2 - 2$ …②

また,①から α,β を解とする2次方程式は

$t^2 - xt + y = 0$ ◀$t^2 - (\alpha + \beta)t + \alpha\beta = 0$

α,β は実数だから,実数解をもつ条件 $D \geqq 0$ より

$D = x^2 - 4y \geqq 0$ より $y \leqq \dfrac{1}{4}x^2$ …③

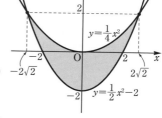

よって,点 Q の存在範囲は②,③の共通部分で,右図のようになる。ただし,境界線を含む。

考え方 点 $(\alpha + \beta, \alpha\beta)$ の存在範囲 ➡ $(\alpha + \beta, \alpha\beta) = (x, y)$ とおいて,x, y の関係式を導く

(このとき,α,β は $t^2 - xt + y = 0$ の実数解だから,$D \geqq 0$ を落とさないこと。)

例題 145 領域における最大・最小（1） ★★★

x, y が連立不等式 $3x+4y-12\geqq0$, $2x-3y+9\geqq0$, $5x+y-20\leqq0$ を満たす
とき，次の問いに答えよ。

(1) $x+2y$ の最大値および最小値を求め，そのときの x, y の値を求めよ。

(2) x^2+y^2 の最大値および最小値を求めよ。

解 与えられた連立不等式の表す領域を D とすると，
D は右図のとおり。ただし境界を含む。

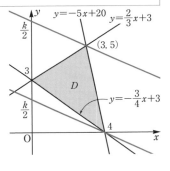

(1) $x+2y=k$ …① とおくと，

①は $y=-\dfrac{1}{2}x+\dfrac{k}{2}$ と変形できる。これは，

傾きが $-\dfrac{1}{2}$，y 切片が $\dfrac{k}{2}$ の直線を表す。

①が領域 D と共有点をもつように動くとき，
k の値は

点 $(3, 5)$ を通るとき最大となり，

点 $(4, 0)$ を通るとき最小となる。

よって，**$x=3$, $y=5$ のとき最大値 13,**

　　　　$x=4$, $y=0$ のとき最小値 4

(2) $x^2+y^2=r^2$ ($r>0$) …② とおくと，

②は原点を中心とし，半径 r の円を表す。

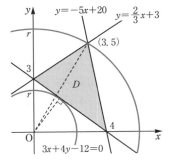

②が領域 D と共有点をもつように動くとき，
r の値は

点 $(3, 5)$ を通るとき最大となり，

直線 $l : 3x+4y-12=0$ と接するとき最小
となる。点 $(3, 5)$ を通るとき

$r^2=3^2+5^2=34$

直線 l と接するとき

$$r^2=\left(\frac{|-12|}{\sqrt{3^2+4^2}}\right)^2=\left(\frac{12}{5}\right)^2=\frac{144}{25}$$

よって，**最大値 34，最小値 $\dfrac{144}{25}$**

・領域における最大値・最小値を求める場
合，与えられた式を k とおいて考える。

・(1)では $=k$ とおいて直線の式で

・(2)では $=r^2$ とおいて円の式で

直線の式 ➡ 傾きに注意して，領域の端点を通るときの k の値を調べる

円の式 ➡ 領域の端点を通るときや，円が境界と接するときも調べる

例題 146 領域における最大・最小(2) ★★★★

x, y が $(x-2)^2+(y-4)^2 \leqq 2$ を満たすとき，$\dfrac{y}{x}$ のとりうる値の範囲を求めよ。

解 この不等式の表す領域は中心が $(2, 4)$ で，半径 $\sqrt{2}$ の円の周および内部である。（右図）

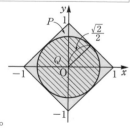

ここで，$\dfrac{y}{x}=k$ …① とおくと，

①は $y=kx$ と変形できる。

これは，原点を通る傾き k の直線を表すから，

①が，右図の領域と共有点をもつためには

$\dfrac{|2k-4|}{\sqrt{k^2+(-1)^2}} \leqq \sqrt{2}$ ←円の中心から直線 $kx-y=0$ までの距離が $\sqrt{2}$ 以下の とき，共有点をもつ。

$|2k-4| \leqq \sqrt{2(k^2+1)}$

両辺，0以上だから2乗して

$(2k-4)^2 \leqq 2(k^2+1)$ $k^2-8k+7 \leqq 0$

$(k-1)(k-7) \leqq 0$

よって，$1 \leqq k \leqq 7$ より $1 \leqq \dfrac{y}{x} \leqq 7$

考え方 領域における $f(x, y)$ の最大・最小 ➡ $f(x, y)=k$ とおく

例題 147 領域と条件 ★★★

条件 $p:|x|+|y| \leqq 1$, $q:x^2+y^2 \leqq r^2$ $(r>0)$ について，条件 p が条件 q の必要条件となるような r の値の範囲を求めよ。

解 条件 p, q の表す領域をそれぞれ P, Q とおく。

$x \geqq 0$, $y \geqq 0$ のとき $x+y \leqq 1$ より $y \leqq -x+1$

$x \geqq 0$, $y < 0$ のとき $x-y \leqq 1$ より $y \geqq x-1$

$x < 0$, $y \geqq 0$ のとき $-x+y \leqq 1$ より $y \leqq x+1$

$x < 0$, $y < 0$ のとき $-x-y \leqq 1$ より $y \geqq -x-1$

だから，領域 P は右図の灰色の部分（境界を含む）。

また，領域 Q は円 $x^2+y^2=r^2$ の周上を含む内部である。

p が q の必要条件となるのは，$Q \subset P$ のときだから，円 の半径が $\dfrac{\sqrt{2}}{2}$ 以下のときである。

よって，$0 < r \leqq \dfrac{\sqrt{2}}{2}$

考え方 命題「$p \to q$」が真であるとき ➡ p は q の十分条件，q は p の必要条件
このとき，p を満たす集合 P は，q を満たす集合 Q に含まれる。$(P \subset Q)$

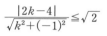

例題 148 絶対値を含む不等式で表される領域　　　★★★

不等式 $x^2+y^2\leqq 2|x|+2|y|$ で表される領域を図示せよ。

解
(i) $x\geqq 0$, $y\geqq 0$ のとき　$x^2+y^2\leqq 2x+2y$

すなわち　$(x-1)^2+(y-1)^2\leqq 2$

(ii) $x\geqq 0$, $y<0$ のとき　$x^2+y^2\leqq 2x-2y$

すなわち　$(x-1)^2+(y+1)^2\leqq 2$

(iii) $x<0$, $y\geqq 0$ のとき　$x^2+y^2\leqq -2x+2y$

すなわち　$(x+1)^2+(y-1)^2\leqq 2$

(iv) $x<0$, $y<0$ のとき　$x^2+y^2\leqq -2x-2y$

すなわち　$(x+1)^2+(y+1)^2\leqq 2$

(i)～(iv) より，求める領域は右図のとおり。

ただし，境界を含む。

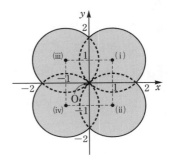

考え方 絶対値を含む
不等式の表す領域 ➡ 基本に従い場合分けして絶対値をはずし
それぞれの不等式で表された領域を図示する

例題 149 a, b の条件と領域 $(a,\ b)$ の図示　　　★★★★

2 次方程式 $x^2-ax+b=0$ が 1 より小さい異なる 2 つの解をもつための a, b の条件を求め，点 $(a,\ b)$ の存在範囲を図示せよ。

解 $x^2-ax+b=0$ の 2 つの解を α, β とすると

解と係数の関係から

　$\alpha+\beta=a$, $\alpha\beta=b$

異なる 2 つの実数解をもつから

　$D=a^2-4b>0$　　　　　…①

2 つの解が 1 より小さいから

$(1-\alpha)+(1-\beta)>0$ より　$2-a>0$　…②

$(1-\alpha)(1-\beta)>0$ より　$1-a+b>0$ …③

①，②，③の共通範囲を図示すると

下図の灰色部分。ただし，境界は含まない。

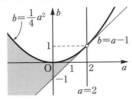

◀解と係数の関係を利用。

◀2 つの解 α, β が 1 より小さい
から，$1-\alpha>0$, $1-\beta>0$ とし，
和と積を正とする。

$y=f(x)=x^2-ax+b$
とおいて，グラフから
解の条件を求めると
$\begin{cases} D=a^2-4b>0 \\ 軸\ x=\dfrac{a}{2}<1 \\ f(1)=1-a+b>0 \end{cases}$
となる。

考え方 a, b の条件を $(a,\ b)$ の存在範囲で表す ➡ a を横軸，b を縦軸にとる

22　三角関数の性質（一般角，弧度法）

例題 150　弧度法　　　　　　　　　　　　　　　　　　　　　　★

(1)　$\dfrac{5}{12}\pi$ を度数法で，$72°$ を弧度法でそれぞれ表せ。

(2)　半径が 3，弧の長さが 2 の扇形の中心角 θ を弧度法で表せ。

解　(1)　$\dfrac{5}{12}\pi = \dfrac{5}{12} \times 180° = 75°$，　$72° = \dfrac{72}{180}\pi = \dfrac{2}{5}\pi$（ラジアン）

(2)　半径 $r=3$，弧の長さ $l=2$ より $\theta = \dfrac{l}{r} = \dfrac{2}{3}$（ラジアン）

考え方　・弧度法は，半径 r の円において，長さが r の弧に対する中心角
の大きさを 1 ラジアンとする角の表し方である。
　　弧度法　➡　$180° = \pi$（ラジアン），1 ラジアン $\fallingdotseq 57.3°$

例題 151　扇形の弧の長さと面積　　　　　　　　　　　　　　　★

半径が $r=4$，中心角が $\theta = \dfrac{3}{4}\pi$ である扇形の弧の長さ l と面積 S を求めよ。

解　$l = r\theta = 4 \times \dfrac{3}{4}\pi = 3\pi$

▶扇形の弧の長さと面積◀

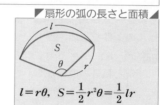

$S = \dfrac{1}{2}r^2\theta$

$\quad = \dfrac{1}{2} \times 4^2 \times \dfrac{3}{4}\pi = 6\pi$

$l = r\theta,\ \ S = \dfrac{1}{2}r^2\theta = \dfrac{1}{2}lr$

例題 152　一般角　　　　　　　　　　　　　　　　　　　　　★★

(1)　θ が第 2 象限の角であるとき，$\dfrac{\theta}{2}$ の動径が存在する範囲を図示せよ。

(2)　角 α（$0 \le \alpha < 2\pi$）を 3 倍したら $\dfrac{\pi}{4}$ の動径と一致した。α を求めよ。

解　(1)　n を整数とするとき，θ が第 2 象限の角だから

$\dfrac{\pi}{2} + 2n\pi < \theta < \pi + 2n\pi$ より　$\dfrac{\pi}{4} + n\pi < \dfrac{\theta}{2} < \dfrac{\pi}{2} + n\pi$

よって，$\dfrac{\theta}{2}$ の動径が存在する範囲は右図。

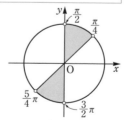

(2)　$3\alpha = \dfrac{\pi}{4} + 2n\pi$（$n$ は整数）と表せる。

$0 \le \alpha < 2\pi$ より　$0 \le 3\alpha < 6\pi$　だから　$n = 0,\ 1,\ 2$

$3\alpha = \dfrac{\pi}{4},\ \dfrac{9}{4}\pi,\ \dfrac{17}{4}\pi$　より　$\alpha = \dfrac{\pi}{12},\ \dfrac{3}{4}\pi,\ \dfrac{17}{12}\pi$

考え方　一般角　➡　1 つの角 α に対して，$\theta = \alpha + 2n\pi$（n は整数）と表す

例題 153 三角関数の定義 ★

θ が次の角のとき，$\sin\theta$, $\cos\theta$, $\tan\theta$ の値を求めよ。

(1) $-\dfrac{7}{6}\pi$　　　(2) $\dfrac{3}{2}\pi$　　　(3) $\dfrac{7}{4}\pi$　　　(4) $\dfrac{10}{3}\pi$

解 (1)

$$\sin\left(-\frac{7}{6}\pi\right)=\frac{1}{2}$$

$$\cos\left(-\frac{7}{6}\pi\right)=-\frac{\sqrt{3}}{2}$$

$$\tan\left(-\frac{7}{6}\pi\right)=-\frac{1}{\sqrt{3}}$$

(2)

$$\sin\frac{3}{2}\pi=-1$$

$$\cos\frac{3}{2}\pi=0$$

$$\tan\frac{3}{2}\pi\text{ の値はない}$$

(3)

$$\sin\frac{7}{4}\pi=-\frac{1}{\sqrt{2}}$$

$$\cos\frac{7}{4}\pi=\frac{1}{\sqrt{2}}$$

$$\tan\frac{7}{4}\pi=-1$$

(4)

$$\sin\frac{10}{3}\pi=-\frac{\sqrt{3}}{2}$$

$$\cos\frac{10}{3}\pi=-\frac{1}{2}$$

$$\tan\frac{10}{3}\pi=\sqrt{3}$$

▼三角関数の定義◤

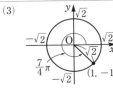

$$\sin\theta=\frac{y}{r}$$

$$\cos\theta=\frac{x}{r}$$

$$\tan\theta=\frac{y}{x}\ (x\neq0)$$

考え方　三角関数の値 ➡ 円周上に角 θ をとり，角 θ の動径と円との交点における $(x,\ y)$ の座標を求める

$30°$, $45°$, $60°$ の直角三角形の3辺の比で考えるのが有効

例題 154 三角関数の符号 ★

次の条件を満たす角 θ は第何象限の角か。

(1) $\sin\theta<0$, $\tan\theta<0$　　　(2) $\sin\theta\cos\theta>0$

解 (1) $\sin\theta<0$ となる θ は第3，4象限，$\tan\theta<0$ となる θ は第2，4象限。

よって，θ は**第4象限**

(2) $\sin\theta\cos\theta>0 \iff \begin{cases}\sin\theta>0\\\cos\theta>0\end{cases}\cdots① \quad\text{または}\quad \begin{cases}\sin\theta<0\\\cos\theta<0\end{cases}\cdots②$

①のとき θ は第1象限，②のとき θ は第3象限。

よって，θ は**第1象限または第3象限**

考え方
・θ の値の範囲と三角関数の符号は右のようになる。　　$\sin\theta$　$\cos\theta$　$\tan\theta$

$-1\leqq\sin\theta\leqq1$, $-1\leqq\cos\theta\leqq1$

$\tan\theta$ の値の範囲は実数全体

例題 155 三角関数の相互関係 ★★

(1) $\dfrac{3}{2}\pi<\theta<2\pi$ で $\sin\theta=-\dfrac{1}{3}$ のとき，$\cos\theta$，$\tan\theta$ の値を求めよ。

(2) $\pi<\theta<\dfrac{3}{2}\pi$ で $\tan\theta=2$ のとき，$\sin\theta$，$\cos\theta$ の値を求めよ。

解 (1) $\dfrac{3}{2}\pi<\theta<2\pi$ のとき $\cos\theta>0$ だから

$$\cos\theta=\sqrt{1-\sin^2\theta}=\sqrt{1-\left(-\dfrac{1}{3}\right)^2}=\dfrac{2\sqrt{2}}{3}$$

$$\tan\theta=\dfrac{\sin\theta}{\cos\theta}=-\dfrac{1}{3}\div\dfrac{2\sqrt{2}}{3}=-\dfrac{1}{2\sqrt{2}}=-\dfrac{\sqrt{2}}{4}$$

← $\dfrac{3}{2}\pi<\theta<2\pi$ のときの $\cos\theta$ の符号を確認。

▼三角関数の相互関係◢
$\sin^2\theta+\cos^2\theta=1$
$\tan\theta=\dfrac{\sin\theta}{\cos\theta}$
$1+\tan^2\theta=\dfrac{1}{\cos^2\theta}$

(2) $\cos^2\theta=\dfrac{1}{1+\tan^2\theta}=\dfrac{1}{1+2^2}=\dfrac{1}{5}$

ここで，$\pi<\theta<\dfrac{3}{2}\pi$ だから $\cos\theta<0$ ← $\pi<\theta<\dfrac{3}{2}\pi$ のときの $\cos\theta$ の符号を確認。

よって，$\cos\theta=-\sqrt{\dfrac{1}{5}}=-\dfrac{\sqrt{5}}{5}$

$$\sin\theta=\tan\theta\cos\theta=2\left(-\dfrac{\sqrt{5}}{5}\right)=-\dfrac{2\sqrt{5}}{5}$$

考え方 $\sin\theta$，$\cos\theta$，$\tan\theta$ の正，負 ➡ θ が第何象限の角かを確認

例題 156 三角関数の式の値 ★★

$\sin\theta-\cos\theta=\dfrac{1}{\sqrt{3}}$ のとき，次の式の値を求めよ。

(1) $\sin\theta\cos\theta$ (2) $\sin^3\theta-\cos^3\theta$

解 (1) 条件式の両辺を 2 乗して

$$(\sin\theta-\cos\theta)^2=\left(\dfrac{1}{\sqrt{3}}\right)^2$$

$$\sin^2\theta-2\sin\theta\cos\theta+\cos^2\theta=\dfrac{1}{3}$$

$\sin^2\theta+\cos^2\theta=1$ より $1-2\sin\theta\cos\theta=\dfrac{1}{3}$

よって，$\sin\theta\cos\theta=\dfrac{1}{3}$

(2) $\sin^3\theta-\cos^3\theta$
$=(\sin\theta-\cos\theta)(\sin^2\theta+\sin\theta\cos\theta+\cos^2\theta)$
$=\dfrac{1}{\sqrt{3}}\times\left(1+\dfrac{1}{3}\right)=\dfrac{4}{3\sqrt{3}}=\dfrac{4\sqrt{3}}{9}$

← $a^3-b^3=(a-b)(a^2+ab+b^2)$

考え方 $\sin\theta\pm\cos\theta=a$（定数）の条件があるとき ➡ 両辺を 2 乗して，$\sin\theta\cos\theta$ の値を求める

例題 157 三角関数の等式の証明 ★★★

次の等式を証明せよ。

(1) $1+\dfrac{1}{\tan^2\theta}=\dfrac{1}{\sin^2\theta}$

(2) $\dfrac{\cos^2\theta}{1+\sin\theta\cos\theta-\sin^2\theta}=\dfrac{1}{1+\tan\theta}$

解 (1) $1+\dfrac{1}{\tan^2\theta}=1+\dfrac{\cos^2\theta}{\sin^2\theta}$

$$=\dfrac{\sin^2\theta+\cos^2\theta}{\sin^2\theta}=\dfrac{1}{\sin^2\theta}\quad\text{(終)}$$

◀ $\tan\theta$ を $\dfrac{\sin\theta}{\cos\theta}$ とする。

◀ $\sin^2\theta+\cos^2\theta=1$

(2) $\dfrac{\cos^2\theta}{1+\sin\theta\cos\theta-\sin^2\theta}$ ◀ $1-\sin^2\theta=\cos^2\theta$

$$=\dfrac{\cos^2\theta}{\cos^2\theta+\sin\theta\cos\theta}=\dfrac{\cos^2\theta}{\cos\theta(\cos\theta+\sin\theta)}$$

$$=\dfrac{\cos\theta}{\cos\theta+\sin\theta}=\dfrac{1}{1+\dfrac{\sin\theta}{\cos\theta}}=\dfrac{1}{1+\tan\theta}\quad\text{(終)}$$

◀ 分母，分子を $\cos\theta$ で割る。

考え方 三角関数の式変形では次の相互関係式を使って変形

➡ $\sin^2\theta+\cos^2\theta=1$, $\tan\theta=\dfrac{\sin\theta}{\cos\theta}$, $1+\tan^2\theta=\dfrac{1}{\cos^2\theta}$

例題 158 三角関数の性質 ★★

次の式を簡単にせよ。

(1) $\sin\left(\dfrac{\pi}{2}+\theta\right)+\sin(\pi+\theta)+\cos\left(\dfrac{\pi}{2}-\theta\right)+\cos(\pi-\theta)$

(2) $\sin(-\theta)\sin(\pi-\theta)+\cos(-\theta)\cos(\pi-\theta)$

解 (1) $\sin\left(\dfrac{\pi}{2}+\theta\right)=\cos\theta$, $\sin(\pi+\theta)=-\sin\theta$

$\cos\left(\dfrac{\pi}{2}-\theta\right)=\sin\theta$, $\cos(\pi-\theta)=-\cos\theta$　だから

(与式) $=\cos\theta-\sin\theta+\sin\theta-\cos\theta=\mathbf{0}$

◀ これらの関係式は暗記するのではなく，下の単位円を使って考えるのがよい。

(2) $\sin(\pi-\theta)=\sin\theta$, $\cos(\pi-\theta)=-\cos\theta$　だから

(与式) $=-\sin\theta\cdot\sin\theta+\cos\theta(-\cos\theta)=-(\sin^2\theta+\cos^2\theta)=\mathbf{-1}$

考え方

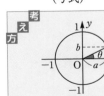

$\sin\theta=b$
$\cos\theta=a$

$\sin\left(\theta+\dfrac{\pi}{2}\right)=\cos\theta=a$

$\cos\left(\theta+\dfrac{\pi}{2}\right)=-\sin\theta=-b$

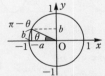

$\sin(\pi-\theta)=\sin\theta=b$
$\cos(\pi-\theta)=-\cos\theta=-a$

23 三角関数のグラフ

例題 159 $y=\sin\theta$ のグラフ ★★

次の三角関数のグラフをかき，周期を求めよ。

(1) $y=\sin 2\theta$　　(2) $y=\sin\left(\theta-\dfrac{\pi}{3}\right)$　　(3) $y=2\sin\theta+1$

解 (1) $y=\sin\theta$ のグラフを θ 軸方向に $\dfrac{1}{2}$ 倍したもので，グラフは下図のようになる。

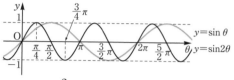

周期は $\dfrac{2\pi}{2}=\pi$

◀ $2\theta=0$, $\dfrac{\pi}{2}$, π, $\dfrac{3}{2}\pi$, 2π, …となる θ をはじめにとるとかきやすい。

(2) $y=\sin\theta$ のグラフを θ 軸方向に $\dfrac{\pi}{3}$ だけ平行移動したもので，グラフは下図のようになる。

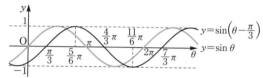

周期は 2π

◀ $\theta-\dfrac{\pi}{3}=0$, $\dfrac{\pi}{2}$, $\dfrac{3}{2}\pi$, 2π, …となる θ をはじめにとるとかきやすい。

(3) $y=\sin\theta$ のグラフを y 軸方向に 2 倍し，y 軸方向に 1 だけ平行移動したもので，グラフは下図のようになる。

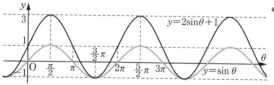

周期は 2π

◀ $y=2\sin\theta$ のグラフをかいて，y 軸方向に 1 だけ平行移動させる。

考え方

$\begin{array}{l}y=\sin k\theta\\y=\cos k\theta\end{array}$ の周期 ➡ $\dfrac{2\pi}{|k|}$　　$y=\tan k\theta$ の周期 ➡ $\dfrac{\pi}{|k|}$

$y=\sin k\theta$ のグラフを θ 軸方向に p，y 軸方向に q 平行移動したグラフ ➡ $y=\sin k(\theta-p)+q$

3章 三角関数

例題 160 $y=\cos\theta$ のグラフ ★★

次の2つのグラフをかき，それぞれの値域および周期を求めよ。

(1) $y=\cos\theta$

(2) $y=\cos\left(2\theta+\dfrac{\pi}{3}\right)$

解 (1) $y=\cos\theta$ のグラフは右図のとおり。

値域は $-1\leq\cos\theta\leq1$ より

$-1\leq y\leq1$, 周期 2π

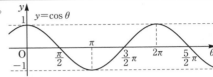

(2) $y=\cos\left(2\theta+\dfrac{\pi}{3}\right)=\cos2\left(\theta+\dfrac{\pi}{6}\right)$

より $y=\cos\theta$ のグラフを θ 軸方向

に $\dfrac{1}{2}$ 倍し，θ 軸方向に $-\dfrac{\pi}{6}$ だけ平

行移動したもの。

値域は $-1\leq\cos2\theta\leq1$ より

$-1\leq y\leq1$, 周期 π

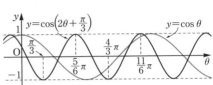

考え方

グラフの平行移動 $\Longrightarrow$ $y=\cos\left(2\theta+\dfrac{\pi}{3}\right)$ $\cdots\cdots$ この2でくくる $\cdots\cdots$ $y=\cos2\left(\theta+\dfrac{\pi}{6}\right)$ と変形

$y=\cos\left(2\theta+\dfrac{\pi}{3}\right)$ は $y=\cos2\theta$ のグラフを $-\dfrac{\pi}{3}$ だけ平行移動したものではない。

例題 161 $y=\tan\theta$ のグラフ ★★★

次の2つのグラフをかき，それぞれの値域，周期および漸近線を求めよ。

(1) $y=\tan\theta$

(2) $y=\tan\dfrac{\theta}{2}$

解 (1) $y=\tan\theta$ の値域は実数全体，周期 π，漸近線は $\theta=\dfrac{\pi}{2}+n\pi$ (n は整数)

(2) $y=\tan\dfrac{\theta}{2}$ のグラフは，$y=\tan\theta$ のグラフを θ 軸方向に2倍に拡大したもの

で，値域は実数全体，周期 2π，漸近線は $\theta=(2n+1)\pi$ (n は整数)

(1) 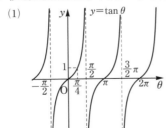 (2)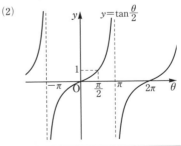

考え方

三角関数のグラフ $\Longrightarrow$ $y=\sin\theta$, $y=\tan\theta$ は原点対称（奇関数）

$y=\cos\theta$ は y 軸対称（偶関数）

24 三角方程式・不等式

例題 162 三角方程式（1） ★

$0 \leqq \theta < 2\pi$ のとき，次の方程式を解け。

(1) $\sin\theta = -\dfrac{1}{\sqrt{2}}$　　(2) $\cos\theta = \dfrac{\sqrt{3}}{2}$　　(3) $\tan\theta = -\sqrt{3}$

解 単位円周上の点で考える。

(1)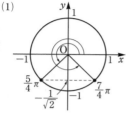

θ は，y 座標が $-\dfrac{1}{\sqrt{2}}$
となる点で定まる角。
$0 \leqq \theta < 2\pi$ より

$$\theta = \dfrac{5}{4}\pi, \ \dfrac{7}{4}\pi$$

(2)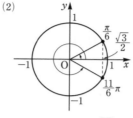

θ は，x 座標が $\dfrac{\sqrt{3}}{2}$
となる点で定まる角。
$0 \leqq \theta < 2\pi$ より

$$\theta = \dfrac{\pi}{6}, \ \dfrac{11}{6}\pi$$

(3)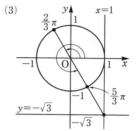

θ は，2 直線 $x=1$ と
$y = -\sqrt{3}$ の交点と O を
結んだ角。$0 \leqq \theta < 2\pi$
より　$\theta = \dfrac{2}{3}\pi, \ \dfrac{5}{3}\pi$

例題 163 三角方程式（2） ★★

$0 \leqq \theta < 2\pi$ のとき，次の方程式を解け。

(1) $\sin\left(\theta + \dfrac{\pi}{3}\right) = \dfrac{1}{2}$　　　　(2) $\cos\left(2\theta - \dfrac{\pi}{4}\right) = -\dfrac{1}{\sqrt{2}}$

解 (1) $0 \leqq \theta < 2\pi$ より　$\dfrac{\pi}{3} \leqq \theta + \dfrac{\pi}{3} < 2\pi + \dfrac{\pi}{3}$　だから

$\dfrac{\pi}{3} \leqq \theta + \dfrac{\pi}{3} < \dfrac{7}{3}\pi$　◀$\theta + \dfrac{\pi}{3}$ のとりうる範囲をおさえる。

この範囲で $\sin\left(\theta + \dfrac{\pi}{3}\right) = \dfrac{1}{2}$ となるのは

$\theta + \dfrac{\pi}{3} = \dfrac{5}{6}\pi, \ \dfrac{13}{6}\pi$　よって　$\theta = \dfrac{\pi}{2}, \ \dfrac{11}{6}\pi$

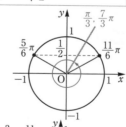

(2) $0 \leqq \theta < 2\pi$ より　$-\dfrac{\pi}{4} \leqq 2\theta - \dfrac{\pi}{4} < 4\pi - \dfrac{\pi}{4}$　だから

$-\dfrac{\pi}{4} \leqq 2\theta - \dfrac{\pi}{4} < \dfrac{15}{4}\pi$　◀$2\theta - \dfrac{\pi}{4}$ のとりうる範囲をおさえる。

この範囲で $\cos\left(2\theta - \dfrac{\pi}{4}\right) = -\dfrac{1}{\sqrt{2}}$ となるのは

$2\theta - \dfrac{\pi}{4} = \dfrac{3}{4}\pi, \ \dfrac{5}{4}\pi, \ \dfrac{11}{4}\pi, \ \dfrac{13}{4}\pi$

$2\theta = \pi, \ \dfrac{3}{2}\pi, \ 3\pi, \ \dfrac{7}{2}\pi$　よって　$\theta = \dfrac{\pi}{2}, \ \dfrac{3}{4}\pi, \ \dfrac{3}{2}\pi, \ \dfrac{7}{4}\pi$

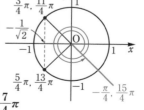

考え方 三角方程式 ➡ 単位円で考えるのが一般的

86

例題 164 三角不等式（1）　★★

$0 \leqq \theta < 2\pi$ のとき，次の不等式を解け。

(1) $\sin\theta \geqq -\dfrac{1}{\sqrt{2}}$　　(2) $\cos\theta < \dfrac{\sqrt{3}}{2}$　　(3) $\tan\theta \leqq -\sqrt{3}$

解 単位円周上の点で考える。

(1)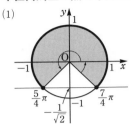

(2)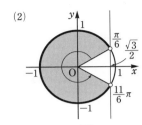

(3)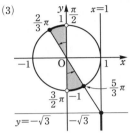

θ は $y \geqq -\dfrac{1}{\sqrt{2}}$ となる
角の範囲。
$0 \leqq \theta < 2\pi$ より

$$0 \leqq \theta \leqq \dfrac{5}{4}\pi, \quad \dfrac{7}{4}\pi \leqq \theta < 2\pi$$

θ は $x < \dfrac{\sqrt{3}}{2}$ となる
角の範囲。
$0 \leqq \theta < 2\pi$ より

$$\dfrac{\pi}{6} < \theta \leqq \dfrac{11}{6}\pi$$

直線 $x=1$ との交点で
$y \leqq -\sqrt{3}$ となる角の
範囲。$0 \leqq \theta < 2\pi$ より

$$\dfrac{\pi}{2} < \theta \leqq \dfrac{2}{3}\pi, \quad \dfrac{3}{2}\pi < \theta \leqq \dfrac{5}{3}\pi$$

例題 165 三角不等式（2）　★★★

次の不等式を解け。

(1) $\sin\left(\theta - \dfrac{\pi}{4}\right) < \dfrac{\sqrt{3}}{2}$ $(0 \leqq \theta < 2\pi)$　　(2) $\tan\left(2\theta + \dfrac{\pi}{6}\right) \geqq 1$ $(0 \leqq \theta < \pi)$

解 (1) $0 \leqq \theta < 2\pi$ より　$-\dfrac{\pi}{4} \leqq \theta - \dfrac{\pi}{4} < \dfrac{7}{4}\pi$

この範囲で，$\sin\left(\theta - \dfrac{\pi}{4}\right) < \dfrac{\sqrt{3}}{2}$ となるのは

$-\dfrac{\pi}{4} \leqq \theta - \dfrac{\pi}{4} < \dfrac{\pi}{3}, \quad \dfrac{2}{3}\pi < \theta - \dfrac{\pi}{4} < \dfrac{7}{4}\pi$

よって，$0 \leqq \theta < \dfrac{7}{12}\pi, \quad \dfrac{11}{12}\pi < \theta < 2\pi$

(2) $0 \leqq \theta < \pi$ より　$\dfrac{\pi}{6} \leqq 2\theta + \dfrac{\pi}{6} < \dfrac{13}{6}\pi$

この範囲で，$\tan\left(2\theta + \dfrac{\pi}{6}\right) \geqq 1$ となるのは

$\dfrac{\pi}{4} \leqq 2\theta + \dfrac{\pi}{6} < \dfrac{\pi}{2}, \quad \dfrac{5}{4}\pi \leqq 2\theta + \dfrac{\pi}{6} < \dfrac{3}{2}\pi$　より

$\dfrac{\pi}{12} \leqq 2\theta < \dfrac{\pi}{3}, \quad \dfrac{13}{12}\pi \leqq 2\theta < \dfrac{4}{3}\pi$

よって，$\dfrac{\pi}{24} \leqq \theta < \dfrac{\pi}{6}, \quad \dfrac{13}{24}\pi \leqq \theta < \dfrac{2}{3}\pi$

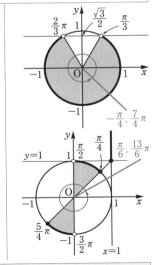

考え方 三角方程式・不等式　➡　単位円周上で角のとりうる範囲を確認

例題 166 2次の三角方程式　　　　　　　　　　　　　　　★★

$4\sin^2\theta+2(1-\sqrt{3})\cos\theta-4+\sqrt{3}=0$ について，次の問いに答えよ。

(1) $\cos\theta=t$ とおき，t についての2次方程式を解け。

(2) $0\leqq\theta<2\pi$ のとき θ の値を求めよ。

解 (1) $\cos\theta=t$ とおくと，$0\leqq\theta<2\pi$ より　$-1\leqq t\leqq 1$ …①

$\sin^2\theta=1-\cos^2\theta=1-t^2$ だから

$4(1-t^2)+2(1-\sqrt{3})t-4+\sqrt{3}=0,\ 4t^2-2(1-\sqrt{3})t-\sqrt{3}=0$

$(2t-1)(2t+\sqrt{3})=0$

①から　$t=\dfrac{1}{2},\ -\dfrac{\sqrt{3}}{2}$　　　←t の実数解は2個。

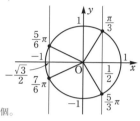

(2) (1)の結果から，$0\leqq\theta<2\pi$ より

$\cos\theta=\dfrac{1}{2}$ のとき　$\theta=\dfrac{\pi}{3},\ \dfrac{5}{3}\pi$

$\cos\theta=-\dfrac{\sqrt{3}}{2}$ のとき　$\theta=\dfrac{5}{6}\pi,\ \dfrac{7}{6}\pi$

よって，$\theta=\dfrac{\pi}{3},\ \dfrac{5}{6}\pi,\ \dfrac{7}{6}\pi,\ \dfrac{5}{3}\pi$　　←θ の実数解は4個。

例題 167 三角方程式の実数解の個数　　　　　　　　　★★★★

方程式 $\cos^2\theta+\sin\theta=a\ (0\leqq\theta<2\pi)$ …① について，次の問いに答えよ。

(1) ①が実数解をもつための定数 a の値の範囲を求めよ。

(2) ①が異なる4個の実数解をもつような定数 a の値の範囲を求めよ。

解 (1) $y=\cos^2\theta+\sin\theta=1-\sin^2\theta+\sin\theta$　　←$\sin^2\theta+\cos^2\theta=1$ を利用。

$\sin\theta=t$ とおくと

$y=-t^2+t+1=-\left(t-\dfrac{1}{2}\right)^2+\dfrac{5}{4}$ …②

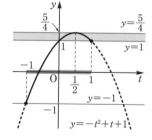

ただし，$0\leqq\theta<2\pi$ より　$-1\leqq t\leqq 1$

①が実数解をもつためには，②のグラフと直線

$y=a$ が共有点をもてばよいから　$-1\leqq a\leqq\dfrac{5}{4}$

(2) $t=\sin\theta$ より t の値と θ の個数は，

$t=1$，$t=-1$ に対して，θ は1個。

$-1<t<1$ の1つの t に対して，θ は2個。

よって，①が4個の実数解をもつのはグラフと直線 $y=a$ が

$-1<t<1$ の範囲で異なる2個の共有点をもてばよい。

ゆえに，$1<a<\dfrac{5}{4}$

考え方 $\sin\theta=t$，$\cos\theta=t$ とおいたとき t の値と θ の個数の関係は　→　$-1<t<1$ のとき，1個の t で θ は2個　$t=1$，-1 のとき，θ は1個

25 三角関数の加法定理

例題 168 加法定理 ★★

次の値を求めよ。

(1) $\sin 165°$　　(2) $\cos 15°$　　(3) $\tan 105°$

解 (1) $\sin 165° = \sin(120° + 45°) = \sin 120° \cos 45° + \cos 120° \sin 45°$

$$= \frac{\sqrt{3}}{2} \cdot \frac{\sqrt{2}}{2} + \left(-\frac{1}{2}\right) \cdot \frac{\sqrt{2}}{2} = \frac{\sqrt{6} - \sqrt{2}}{4}$$

(2) $\cos 15° = \cos(60° - 45°) = \cos 60° \cos 45° + \sin 60° \sin 45°$ ←$\cos(45° - 30°)$ でもよい。

$$= \frac{1}{2} \cdot \frac{\sqrt{2}}{2} + \frac{\sqrt{3}}{2} \cdot \frac{\sqrt{2}}{2} = \frac{\sqrt{2} + \sqrt{6}}{4}$$

(3) $\tan 105° = \tan(45° + 60°) = \dfrac{\tan 45° + \tan 60°}{1 - \tan 45° \tan 60°} = \dfrac{1 + \sqrt{3}}{1 - 1 \cdot \sqrt{3}}$

$$= \frac{(1 + \sqrt{3})^2}{(1 - \sqrt{3})(1 + \sqrt{3})} = \frac{4 + 2\sqrt{3}}{-2} = -2 - \sqrt{3}$$

▶加法定理◀

$$\sin(\alpha + \beta) = \sin\alpha\cos\beta + \cos\alpha\sin\beta$$
$$\sin(\alpha - \beta) = \sin\alpha\cos\beta - \cos\alpha\sin\beta$$
$$\cos(\alpha + \beta) = \cos\alpha\cos\beta - \sin\alpha\sin\beta$$
$$\cos(\alpha - \beta) = \cos\alpha\cos\beta + \sin\alpha\sin\beta$$

$$\tan(\alpha + \beta) = \frac{\tan\alpha + \tan\beta}{1 - \tan\alpha\tan\beta}$$

$$\tan(\alpha - \beta) = \frac{\tan\alpha - \tan\beta}{1 + \tan\alpha\tan\beta}$$

考え方 与えられた角を $30°$，$45°$，$60°$ などの和・差で表し，加法定理を利用。

例題 169 加法定理を利用する三角関数の値(1) ★★

$\sin\alpha = \dfrac{12}{13}$, $\cos\beta = -\dfrac{4}{5}$ のとき，$\sin(\alpha + \beta)$，$\cos(\alpha - \beta)$ の値を求めよ。ただし，α と β はどちらも第2象限の角とする。

解 α, β は第2象限の角だから　$\cos\alpha < 0$, $\sin\beta > 0$

よって，$\cos\alpha = -\sqrt{1 - \sin^2\alpha} = -\sqrt{1 - \left(\dfrac{12}{13}\right)^2} = -\dfrac{5}{13}$ ←$\cos\alpha$, $\sin\beta$ の値を求める。

$$\sin\beta = \sqrt{1 - \cos^2\beta} = \sqrt{1 - \left(-\frac{4}{5}\right)^2} = \frac{3}{5}$$

ゆえに，$\sin(\alpha + \beta) = \sin\alpha\cos\beta + \cos\alpha\sin\beta$ ←加法定理で展開して，それぞれの値を代入する。

$$= \frac{12}{13} \cdot \left(-\frac{4}{5}\right) + \left(-\frac{5}{13}\right) \cdot \frac{3}{5} = -\frac{63}{65}$$

$$\cos(\alpha - \beta) = \cos\alpha\cos\beta + \sin\alpha\sin\beta$$

$$= \left(-\frac{5}{13}\right) \cdot \left(-\frac{4}{5}\right) + \frac{12}{13} \cdot \frac{3}{5} = \frac{56}{65}$$

考え方 α, β が何象限の角か確認して ➡ $\sin$, $\cos$ の正, 負を判断

例題
166
|
169

例題 170　加法定理を利用する三角関数の値（2）　★★★

$\sin x + \cos y = \dfrac{1}{3}$，$\cos x - \sin y = \dfrac{2}{3}$ のとき，$\sin(x-y)$ の値を求めよ。

解　$(\sin x + \cos y)^2 = \left(\dfrac{1}{3}\right)^2$ より　$\sin^2 x + 2\sin x \cos y + \cos^2 y = \dfrac{1}{9}$ …①

$(\cos x - \sin y)^2 = \left(\dfrac{2}{3}\right)^2$ より　$\cos^2 x - 2\cos x \sin y + \sin^2 y = \dfrac{4}{9}$ …②

①，②の辺々を加えると

$(\sin^2 x + \cos^2 x) + 2(\sin x \cos y - \cos x \sin y) + (\sin^2 y + \cos^2 y) = \dfrac{5}{9}$

$1 + 2\sin(x-y) + 1 = \dfrac{5}{9}$ より　$2\sin(x-y) = -\dfrac{13}{9}$

よって　$\sin(x-y) = -\dfrac{13}{18}$

例題 171　加法定理を利用する三角関数の値（3）　★★★

$\alpha - \beta = \dfrac{\pi}{4}$ のとき，$(\tan\alpha + 1)(\tan\beta - 1)$ の値を求めよ。

解　$\tan(\alpha - \beta) = \tan\dfrac{\pi}{4}$ より

$\dfrac{\tan\alpha - \tan\beta}{1 + \tan\alpha\tan\beta} = 1$　　分母を払って

$\tan\alpha - \tan\beta = 1 + \tan\alpha\tan\beta$

$(\tan\alpha + 1)(\tan\beta - 1) = \tan\alpha\tan\beta - (\tan\alpha - \tan\beta) - 1$

$\qquad\qquad\qquad\qquad\quad = \tan\alpha\tan\beta - (1 + \tan\alpha\tan\beta) - 1 = \mathbf{-2}$

←$\alpha - \beta = \dfrac{\pi}{4}$ の条件を利用。

←$\tan(\alpha - \beta) = \dfrac{\tan\alpha - \tan\beta}{1 + \tan\alpha\tan\beta}$

←$\tan\alpha$ と $\tan\beta$ の関係式を求める。

例題 172　2直線のなす角　★★

2直線 $y = -3x$，$y = 2x$ のなす角 θ を求めよ。ただし，$0 \leqq \theta \leqq \dfrac{\pi}{2}$ とする。

解　2直線 $y = -3x$，$y = 2x$ の x 軸の正の向きとのなす角をそれぞれ α，β とすると

$\tan\alpha = -3$，$\tan\beta = 2$

$\theta = \alpha - \beta$ だから

$\tan\theta = \tan(\alpha - \beta) = \dfrac{\tan\alpha - \tan\beta}{1 + \tan\alpha\tan\beta} = \dfrac{-3-2}{1+(-3)\cdot 2} = 1$

よって，$0 \leqq \theta \leqq \dfrac{\pi}{2}$ より　$\theta = \dfrac{\pi}{4}$

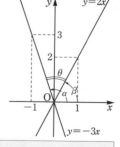

考え方　2直線 $y = mx + n$，$y = m'x + n'$ のなす角 ➡ $\tan\alpha = m$，$\tan\beta = m'$ とおく

$\tan\theta = \tan(\beta - \alpha) = \dfrac{\tan\beta - \tan\alpha}{1 + \tan\beta\tan\alpha} = \dfrac{m' - m}{1 + m'm}$

・なす角は鋭角なので $\dfrac{\pi}{2} < \theta < \pi$ のときは，$\pi - \theta$ をなす角とする。

26 2倍角の公式・半角の公式

例題 173 2倍角の公式(1) ★★

(1) $\cos 2\theta = \dfrac{1}{9}$ $\left(0 < \theta < \dfrac{\pi}{2}\right)$ のとき，$\cos\theta$ の値を求めよ。

(2) $\sin\theta = \dfrac{\sqrt{3}}{3}$ $\left(\dfrac{\pi}{2} < \theta < \pi\right)$ のとき，$\sin 2\theta$，$\cos 4\theta$ の値を求めよ。

解 (1) $\cos 2\theta = 2\cos^2\theta - 1$ より

$\qquad 2\cos^2\theta - 1 = \dfrac{1}{9}$ $\quad \cos^2\theta = \dfrac{5}{9}$

$\qquad 0 < \theta < \dfrac{\pi}{2}$ のとき $\cos\theta > 0$ よって，$\cos\theta = \dfrac{\sqrt{5}}{3}$

(2) $\dfrac{\pi}{2} < \theta < \pi$ のとき $\cos\theta < 0$ だから

$\qquad \cos\theta = -\sqrt{1 - \sin^2\theta} = -\sqrt{1 - \left(\dfrac{\sqrt{3}}{3}\right)^2} = -\dfrac{\sqrt{6}}{3}$

よって

$\sin 2\theta = 2\sin\theta\cos\theta = 2 \cdot \dfrac{\sqrt{3}}{3} \cdot \left(-\dfrac{\sqrt{6}}{3}\right) = -\dfrac{2\sqrt{2}}{3}$

$\cos 4\theta = 1 - 2\sin^2 2\theta = 1 - 2 \cdot \left(-\dfrac{2\sqrt{2}}{3}\right)^2 = 1 - \dfrac{16}{9} = -\dfrac{7}{9}$

> ▼2倍角の公式◢
>
> $\sin 2\alpha = 2\sin\alpha\cos\alpha$
> $\cos 2\alpha = \cos^2\alpha - \sin^2\alpha$
> $\qquad = 2\cos^2\alpha - 1$
> $\qquad = 1 - 2\sin^2\alpha$
> $\tan 2\alpha = \dfrac{2\tan\alpha}{1 - \tan^2\alpha}$

←$\cos 2\underset{\smile}{\alpha} = 1 - 2\sin^2\underset{\smile}{\alpha}$
$\quad \alpha = 2\theta$ とした式。

> **考え方** 2倍角の公式は三角関数をもとの角の $\dfrac{1}{2}$（半分）の角で表す公式で，次の変形もできる。
>
> $\overbrace{\qquad}^{半分}$　　　　$\overbrace{\qquad}^{半分}$
> $\sin 4\alpha = 2\sin 2\alpha \cos 2\alpha$ ， $\cos\alpha = 2\cos^2\dfrac{\alpha}{2} - 1 = 1 - 2\sin^2\dfrac{\alpha}{2}$

例題 174 2倍角の公式(2) ★★

$\tan\alpha = -\sqrt{2}$ $\left(\dfrac{\pi}{2} < \alpha < \pi\right)$ のとき，$\sin 2\alpha$，$\tan 2\alpha$ の値を求めよ。

解 $1 + \tan^2\alpha = \dfrac{1}{\cos^2\alpha}$ より $\quad \cos^2\alpha = \dfrac{1}{1 + (-\sqrt{2})^2} = \dfrac{1}{3}$

←$\cos^2\alpha = \dfrac{1}{1 + \tan^2\alpha}$

$\dfrac{\pi}{2} < \alpha < \pi$ のとき $\cos\alpha < 0$ より $\quad \cos\alpha = -\dfrac{1}{\sqrt{3}}$

よって，$\sin\alpha = \tan\alpha\cos\alpha = -\sqrt{2} \cdot \left(-\dfrac{1}{\sqrt{3}}\right) = \dfrac{\sqrt{2}}{\sqrt{3}}$

←$\sin^2\alpha + \cos^2\alpha = 1$ に代入してもよいが，$\cos\alpha$ と $\tan\alpha$ がわかっているときは，$\sin\alpha = \tan\alpha\cos\alpha$ を使うと早い。

$\sin 2\alpha = 2\sin\alpha\cos\alpha = 2 \cdot \dfrac{\sqrt{2}}{\sqrt{3}} \cdot \left(-\dfrac{1}{\sqrt{3}}\right) = -\dfrac{2\sqrt{2}}{3}$

$\tan 2\alpha = \dfrac{2\tan\alpha}{1 - \tan^2\alpha} = \dfrac{2(-\sqrt{2})}{1 - (-\sqrt{2})^2} = 2\sqrt{2}$

別解 $\cos 2\alpha = 2\cos^2\alpha - 1 = 2\left(-\dfrac{1}{\sqrt{3}}\right)^2 - 1 = -\dfrac{1}{3}$ より $\tan 2\alpha = \dfrac{\sin 2\alpha}{\cos 2\alpha}$ から求める。

> **考え方** 2α の三角比の値を求めるには ➡ $\sin\alpha$，$\cos\alpha$ の値がベースになる

例題 175 三角方程式・不等式（2倍角の公式の利用） ★★★

$0 \leqq \theta < 2\pi$ のとき，次の方程式・不等式を解け。

(1) $\sin 2\theta + \sqrt{3}\cos\theta = 0$ (2) $\cos 2\theta - \cos\theta + 1 < 0$

解 (1) $2\sin\theta\cos\theta + \sqrt{3}\cos\theta = 0$ ◀$\sin 2\theta = 2\sin\theta\cos\theta$

$\cos\theta(2\sin\theta + \sqrt{3}) = 0$ より

$\cos\theta = 0$ または $\sin\theta = -\dfrac{\sqrt{3}}{2}$

$0 \leqq \theta < 2\pi$ より $\theta = \dfrac{\pi}{2},\ \dfrac{4}{3}\pi,\ \dfrac{3}{2}\pi,\ \dfrac{5}{3}\pi$

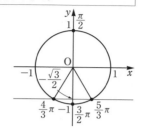

(2) $\cos 2\theta = 2\cos^2\theta - 1$ を代入して

$2\cos^2\theta - 1 - \cos\theta + 1 < 0$

$2\cos^2\theta - \cos\theta < 0$

$\cos\theta(2\cos\theta - 1) < 0$ より $0 < \cos\theta < \dfrac{1}{2}$

$0 \leqq \theta < 2\pi$ より $\dfrac{\pi}{3} < \theta < \dfrac{\pi}{2},\ \dfrac{3}{2}\pi < \theta < \dfrac{5}{3}\pi$

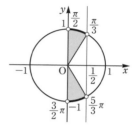

考え方 2θ と θ が混在する三角方程式，不等式
➡ 2倍角の公式で $\sin\theta$ か $\cos\theta$ に統一

例題 176 半角の公式 ★★

半角の公式を利用して $\sin\dfrac{\pi}{12}$，$\cos\dfrac{\pi}{8}$ の値を求めよ。

解 $\sin\dfrac{\pi}{12} > 0$，$\cos\dfrac{\pi}{8} > 0$ である。

$$\sin^2\dfrac{\pi}{12} = \dfrac{1 - \cos\dfrac{\pi}{6}}{2} = \dfrac{1}{2}\left(1 - \dfrac{\sqrt{3}}{2}\right) = \dfrac{2 - \sqrt{3}}{4}$$

よって，$\sin\dfrac{\pi}{12} = \sqrt{\dfrac{2 - \sqrt{3}}{4}} = \sqrt{\dfrac{4 - 2\sqrt{3}}{8}}$

$\qquad\qquad = \dfrac{\sqrt{3} - 1}{2\sqrt{2}} = \dfrac{\sqrt{6} - \sqrt{2}}{4}$

◀ $\alpha = \dfrac{\pi}{6}$ とする
$\sin^2\dfrac{\alpha}{2} = \dfrac{1 - \cos\alpha}{2}$

◀ 2重根号
$\sqrt{a + b \pm 2\sqrt{ab}} = \sqrt{a} \pm \sqrt{b}$
$(a > b > 0)$（複号同順）

$$\cos^2\dfrac{\pi}{8} = \dfrac{1 + \cos\dfrac{\pi}{4}}{2} = \dfrac{1}{2}\left(1 + \dfrac{\sqrt{2}}{2}\right) = \dfrac{2 + \sqrt{2}}{4}$$

よって，$\cos\dfrac{\pi}{8} = \sqrt{\dfrac{2 + \sqrt{2}}{4}} = \dfrac{\sqrt{2 + \sqrt{2}}}{2}$

◀ $\alpha = \dfrac{\pi}{4}$ とする
$\cos^2\dfrac{\alpha}{2} = \dfrac{1 + \cos\alpha}{2}$

◀ この2重根号ははずせない。

考え方 半角の公式

$$\sin^2\dfrac{\alpha}{2} = \dfrac{1 - \cos\alpha}{2}, \qquad \cos^2\dfrac{\alpha}{2} = \dfrac{1 + \cos\alpha}{2}, \qquad \tan^2\dfrac{\alpha}{2} = \dfrac{1 - \cos\alpha}{1 + \cos\alpha}$$

例題 177 半角の公式と２倍角の公式 ★★

(1) 半角の公式を利用して $\tan\dfrac{\pi}{8}$ の値を求めよ。

(2) $\tan\dfrac{\theta}{2}=\dfrac{\sin\theta}{1+\cos\theta}$ であることを示し，$\tan\dfrac{\pi}{8}$ の値を求めよ。

解 (1) $\tan^2\dfrac{\pi}{8}=\dfrac{1-\cos\dfrac{\pi}{4}}{1+\cos\dfrac{\pi}{4}}=\dfrac{1-\dfrac{1}{\sqrt{2}}}{1+\dfrac{1}{\sqrt{2}}}=\dfrac{\sqrt{2}-1}{\sqrt{2}+1}$

$\qquad\qquad$ ←$\tan^2\dfrac{\alpha}{2}=\dfrac{1-\cos\alpha}{1+\cos\alpha}$

$\qquad\qquad\quad =\dfrac{(\sqrt{2}-1)^2}{(\sqrt{2}+1)(\sqrt{2}-1)}=(\sqrt{2}-1)^2$

$\tan\dfrac{\pi}{8}>0$ だから $\tan\dfrac{\pi}{8}=\sqrt{2}-1$

(2) $\dfrac{\sin\theta}{1+\cos\theta}=\dfrac{2\sin\dfrac{\theta}{2}\cos\dfrac{\theta}{2}}{1+\left(2\cos^2\dfrac{\theta}{2}-1\right)}=\dfrac{2\sin\dfrac{\theta}{2}\cos\dfrac{\theta}{2}}{2\cos^2\dfrac{\theta}{2}}$

$\qquad\qquad$ ←$\sin2\alpha=2\sin\alpha\cos\alpha$
$\qquad\qquad\qquad \left[\alpha=\dfrac{\theta}{2}\right]$
$\qquad\qquad$ ←$\cos2\alpha=2\cos^2\alpha-1$

$\qquad\qquad\quad =\dfrac{\sin\dfrac{\theta}{2}}{\cos\dfrac{\theta}{2}}=\tan\dfrac{\theta}{2}$ となり 示された。

$\tan\dfrac{\pi}{8}=\dfrac{\sin\dfrac{\pi}{4}}{1+\cos\dfrac{\pi}{4}}=\dfrac{\dfrac{1}{\sqrt{2}}}{1+\dfrac{1}{\sqrt{2}}}=\dfrac{1}{\sqrt{2}+1}=\sqrt{2}-1$

例題 178 ３倍角の公式 ★★

$\sin3\theta=3\sin\theta-4\sin^3\theta,\ \cos3\theta=4\cos^3\theta-3\cos\theta$ が成り立つことを証明せよ。

解 $\sin3\theta=\sin(2\theta+\theta)=\sin2\theta\cos\theta+\cos2\theta\sin\theta$

$\qquad\qquad$ ←$\sin(\alpha+\beta)=\sin\alpha\cos\beta+\cos\alpha\sin\beta$
$\qquad\qquad\quad 2\theta \quad \theta$ とする

$\qquad\quad =2\sin\theta\cos\theta\cdot\cos\theta+(1-2\sin^2\theta)\sin\theta$

$\qquad\qquad$ ←右辺は $\sin\theta$ だけの式なので，
$\qquad\qquad\quad \cos^2\theta=1-\sin^2\theta$ を用いる。

$\qquad\quad =2\sin\theta(1-\sin^2\theta)+(1-2\sin^2\theta)\sin\theta$

$\qquad\quad =2\sin\theta-2\sin^3\theta+\sin\theta-2\sin^3\theta$

$\qquad\quad =3\sin\theta-4\sin^3\theta$ （終）

$\cos3\theta=\cos(2\theta+\theta)=\cos2\theta\cos\theta-\sin2\theta\sin\theta$

$\qquad\qquad$ ←$\cos(\alpha+\beta)=\cos\alpha\cos\beta-\sin\alpha\sin\beta$
$\qquad\qquad\quad 2\theta \quad \theta$ とする

$\qquad\quad =(2\cos^2\theta-1)\cos\theta-2\sin\theta\cos\theta\cdot\sin\theta$

$\qquad\qquad$ ←右辺は $\cos\theta$ だけの式なので，
$\qquad\qquad\quad \cos2\theta=2\cos^2\theta-1,$
$\qquad\qquad\quad \sin^2\theta=1-\cos^2\theta$
$\qquad\qquad\quad$ を用いる。

$\qquad\quad =(2\cos^2\theta-1)\cos\theta-2(1-\cos^2\theta)\cos\theta$

$\qquad\quad =2\cos^3\theta-\cos\theta-2\cos\theta+2\cos^3\theta$

$\qquad\quad =4\cos^3\theta-3\cos\theta$ （終）

考え方 ・３倍角の公式は，加法定理から導くことができるので一度確かめておくとよい。

３倍角の公式 ➡ $\begin{aligned}&\sin3\theta=3\sin\theta-4\sin^3\theta\\&\cos3\theta=4\cos^3\theta-3\cos\theta\end{aligned}$ 忘れたら加法定理で導け

27 三角関数の合成

例題 179 三角関数の合成 ★★

次の式を $r\sin(\theta+\alpha)$ の形に変形せよ。ただし，$r>0$，$-\pi\leqq\alpha<\pi$ とする。

(1) $\sqrt{3}\sin\theta-\cos\theta$ (2) $3\sin\theta+4\cos\theta$

解 (1) $r=\sqrt{(\sqrt{3})^2+(-1)^2}=2$，$\alpha=-\dfrac{\pi}{6}$ だから

$$\sqrt{3}\sin\theta-\cos\theta=2\sin\left(\theta-\frac{\pi}{6}\right)$$

◆r と α を求めて公式に代入してよい。

別解 $\sqrt{3}\sin\theta-\cos\theta$ において，

$r=\sqrt{(\sqrt{3})^2+(-1)^2}=2$ だから

$$\sqrt{3}\sin\theta-\cos\theta$$
$$=2\left(\frac{\sqrt{3}}{2}\sin\theta-\frac{1}{2}\cos\theta\right)$$
$$=2\left\{\sin\theta\cos\left(-\frac{\pi}{6}\right)+\cos\theta\sin\left(-\frac{\pi}{6}\right)\right\}$$
$$=2\sin\left(\theta-\frac{\pi}{6}\right)$$

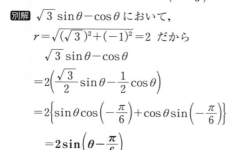

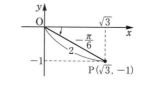

$\dfrac{\sqrt{3}}{2}\to\cos\left(-\dfrac{\pi}{6}\right)$

$-\dfrac{1}{2}\to\sin\left(-\dfrac{\pi}{6}\right)$

(2) $3\sin\theta+4\cos\theta$ において，

$r=\sqrt{3^2+4^2}=5$ だから

$$3\sin\theta+4\cos\theta=5\sin(\theta+\alpha)$$

ただし，α は $\cos\alpha=\dfrac{3}{5}$，$\sin\alpha=\dfrac{4}{5}$

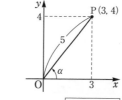

参考 (1)を次のように cos で合成することもできる。

$$\sqrt{3}\sin\theta-\cos\theta=-\cos\theta+\sqrt{3}\sin\theta$$
$$=2\left(-\frac{1}{2}\cos\theta+\frac{\sqrt{3}}{2}\sin\theta\right)$$
$$=2\left(\cos\theta\cos\frac{2}{3}\pi+\sin\theta\sin\frac{2}{3}\pi\right)$$
$$=2\cos\left(\theta-\frac{2}{3}\pi\right)$$

$-\dfrac{1}{2}\to\cos\dfrac{2}{3}\pi$

$\dfrac{\sqrt{3}}{2}\to\sin\dfrac{2}{3}\pi$

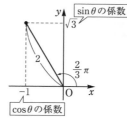

 考え方

・三角関数の合成では，まず点 $P(a,\ b)$ をとって
$r=OP=\sqrt{a^2+b^2}$ と OP と x 軸とのなす角 α を
求める。それから，次の公式に代入する。

三角関数の合成

➡ $a\sin\theta+b\cos\theta=\sqrt{a^2+b^2}\sin(\theta+\alpha)$

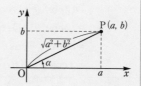

・もし，α が具体的な角で求められない場合は

「ただし，α は $\cos\alpha=\dfrac{a}{\sqrt{a^2+b^2}}$，$\sin\alpha=\dfrac{b}{\sqrt{a^2+b^2}}$」とかいておく。

$0 \leqq \theta < 2\pi$ のとき，次の方程式・不等式を解け。

(1) $\sqrt{3}\sin\theta + \cos\theta = -1$ 　　　(2) $\sin 2\theta - \cos 2\theta < 1$

解 (1) $\sqrt{3}\sin\theta + \cos\theta = -1$

$2\sin\left(\theta + \dfrac{\pi}{6}\right) = -1$ より

$\sin\left(\theta + \dfrac{\pi}{6}\right) = -\dfrac{1}{2}$ …①

$0 \leqq \theta < 2\pi$ より

$\dfrac{\pi}{6} \leqq \theta + \dfrac{\pi}{6} < \dfrac{13}{6}\pi$ 　←$\theta + \dfrac{\pi}{6}$ のとりうる範囲をおさえる。

この範囲で①を満たすのは

$\theta + \dfrac{\pi}{6} = \dfrac{7}{6}\pi,\ \dfrac{11}{6}\pi$

よって，$\theta = \pi,\ \dfrac{5}{3}\pi$

(2) $\sin 2\theta - \cos 2\theta < 1$

$\sqrt{2}\sin\left(2\theta - \dfrac{\pi}{4}\right) < 1$ より

$\sin\left(2\theta - \dfrac{\pi}{4}\right) < \dfrac{1}{\sqrt{2}}$ …①

$0 \leqq \theta < 2\pi$ より

$-\dfrac{\pi}{4} \leqq 2\theta - \dfrac{\pi}{4} < \dfrac{15}{4}\pi$ 　←$2\theta - \dfrac{\pi}{4}$ のとりうる範囲をおさえる。

この範囲で①を満たすのは

$-\dfrac{\pi}{4} \leqq 2\theta - \dfrac{\pi}{4} < \dfrac{\pi}{4}$

$\dfrac{3}{4}\pi < 2\theta - \dfrac{\pi}{4} < \dfrac{9}{4}\pi$

$\dfrac{11}{4}\pi < 2\theta - \dfrac{\pi}{4} < \dfrac{15}{4}\pi$

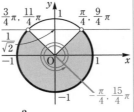

これらを解いて

$0 \leqq \theta < \dfrac{\pi}{4},\ \dfrac{\pi}{2} < \theta < \dfrac{5}{4}\pi,\ \dfrac{3}{2}\pi < \theta < 2\pi$

←$r = \sqrt{(\sqrt{3})^2 + 1} = 2$
$\alpha = \dfrac{\pi}{6}$

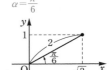

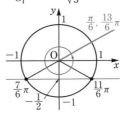

←$r = \sqrt{1^2 + (-1)^2} = \sqrt{2}$
$\alpha = -\dfrac{\pi}{4}$

←$2\theta - \dfrac{\pi}{4}$ は $-\dfrac{\pi}{4}$ から $\dfrac{15}{4}\pi$ まで2回転する。
①を満たす角を求めるときは，$-\dfrac{\pi}{4}$ からスタートして灰色部分の角をおさえる。

←$2\theta - \dfrac{\pi}{4}$ で求めた範囲を θ の範囲に直す。

三角関数の合成と
三角方程式・不等式
➡
・$r\cos(\theta + \alpha)$ としたら $\theta + \alpha$ の範囲をおさえる
・$\theta + \alpha$ の範囲で条件を満たす角を求める
・2θ では角の範囲が2倍に拡大される

28 三角関数の最大・最小

例題 181 三角関数の最大値・最小値(1) ★★

次の関数の最大値および最小値と，そのときの θ の値を求めよ。

(1) $y=2\cos\theta+1$ $(0\leqq\theta<2\pi)$ 　(2) $y=\sin\left(\theta-\dfrac{\pi}{3}\right)$ $\left(\dfrac{\pi}{6}\leqq\theta\leqq\dfrac{4}{3}\pi\right)$

解 (1) $0\leqq\theta<2\pi$ のとき，$-1\leqq\cos\theta\leqq1$ だから

$-2\leqq2\cos\theta\leqq2$ 　よって，$-1\leqq2\cos\theta+1\leqq3$

ゆえに，$\cos\theta=1$ 　より　$\theta=0$ のとき最大値 3

$\cos\theta=-1$ 　より　$\theta=\pi$ のとき最小値 -1

(2) $\dfrac{\pi}{6}\leqq\theta\leqq\dfrac{4}{3}\pi$ より　$-\dfrac{\pi}{6}\leqq\theta-\dfrac{\pi}{3}\leqq\pi$

このとき　$-\dfrac{1}{2}\leqq\sin\left(\theta-\dfrac{\pi}{3}\right)\leqq1$ 　よって，

$\theta-\dfrac{\pi}{3}=\dfrac{\pi}{2}$ 　すなわち　$\theta=\dfrac{5}{6}\pi$ のとき最大値 1

$\theta-\dfrac{\pi}{3}=-\dfrac{\pi}{6}$ 　すなわち　$\theta=\dfrac{\pi}{6}$ のとき最小値 $-\dfrac{1}{2}$

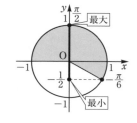

> **考え方** $\sin\theta$，$\cos\theta$ の最大・最小 ➡ 与えられた θ の範囲に注意して値域を求める

例題 182 三角関数の最大値・最小値(2) ★★★

$0\leqq\theta<2\pi$ のとき，関数 $y=\cos2\theta+2\sqrt{2}\sin\theta$ の最大値と最小値を求めよ。
また，そのときの θ の値を求めよ。

解 $y=(1-2\sin^2\theta)+2\sqrt{2}\sin\theta$ ◀$\cos2\theta=1-2\sin^2\theta$ で $\sin\theta$ に統一。

$=-2\sin^2\theta+2\sqrt{2}\sin\theta+1$

$\sin\theta=t$ とおくと

$y=-2t^2+2\sqrt{2}\,t+1=-2\left(t-\dfrac{\sqrt{2}}{2}\right)^2+2$ ◀t の2次関数と考える。

ただし，$0\leqq\theta<2\pi$ より　$-1\leqq t\leqq1$ ◀t の範囲をおさえる。

右図より，$t=\dfrac{\sqrt{2}}{2}$ のとき最大値 2，

$t=-1$ のとき最小値 $-1-2\sqrt{2}$

となる。よって

$\sin\theta=\dfrac{\sqrt{2}}{2}$ 　より　$\theta=\dfrac{\pi}{4},\ \dfrac{3}{4}\pi$ のとき最大値 2

$\sin\theta=-1$ 　より　$\theta=\dfrac{3}{2}\pi$ のとき最小値 $-1-2\sqrt{2}$

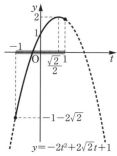

$y=-2t^2+2\sqrt{2}t+1$

> **考え方**
> ・$\sin\theta$ や $\cos\theta$ を t に置きかえて，t の関数で考えることはよくある。
> ・このとき，大切なことは t のとりうる範囲をしっかりおさえておくこと。
>
> 三角関数の最大・最小 ➡ $\sin\theta=t$，$\cos\theta=t$ とおいて t の関数で考える

例題 183 三角関数の最大値・最小値(3)　★★★

$0 \leqq \theta \leqq \pi$ のとき，関数 $y = \sin^2\theta + 2\sqrt{3}\sin\theta\cos\theta - \cos^2\theta$ の最大値と最小値を求めよ。また，そのときの θ の値を求めよ。

解

$$y = \frac{1-\cos 2\theta}{2} + \sqrt{3}\sin 2\theta - \frac{1+\cos 2\theta}{2}$$

$$= \sqrt{3}\sin 2\theta - \cos 2\theta$$

$$= 2\sin\left(2\theta - \frac{\pi}{6}\right)$$

▶半角の公式◀

$$\sin^2\theta = \frac{1-\cos 2\theta}{2}$$

$$\cos^2\theta = \frac{1+\cos 2\theta}{2}$$

$0 \leqq \theta \leqq \pi$ より

$$-\frac{\pi}{6} \leqq 2\theta - \frac{\pi}{6} \leqq \frac{11}{6}\pi$$

よって，$-1 \leqq \sin\left(2\theta - \frac{\pi}{6}\right) \leqq 1$ だから

$$2\theta - \frac{\pi}{6} = \frac{\pi}{2} \quad \text{より} \quad \theta = \frac{\pi}{3} \text{ のとき最大値 } 2$$

$$2\theta - \frac{\pi}{6} = \frac{3}{2}\pi \quad \text{より} \quad \theta = \frac{5}{6}\pi \text{ のとき最小値 } -2$$

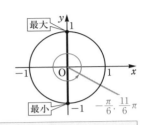

考え方 $\sin\theta\cos\theta$, $\sin^2\theta$, $\cos^2\theta$ が1つの式の中にあるとき ➡ 半角の公式で $\sin 2\theta$, $\cos 2\theta$ の式にしてから合成する

例題 184 三角関数の最大値・最小値(4)　★★★

$0 \leqq \theta < 2\pi$ のとき，関数 $y = \sin\left(\theta - \frac{\pi}{6}\right) + \cos\theta$ の最大値と最小値を求めよ。また，そのときの θ の値を求めよ。

解

$$y = \sin\left(\theta - \frac{\pi}{6}\right) + \cos\theta$$

$$= \sin\theta\cos\frac{\pi}{6} - \cos\theta\sin\frac{\pi}{6} + \cos\theta$$

$$= \frac{\sqrt{3}}{2}\sin\theta - \frac{1}{2}\cos\theta + \cos\theta$$

$$= \frac{\sqrt{3}}{2}\sin\theta + \frac{1}{2}\cos\theta = \sin\left(\theta + \frac{\pi}{6}\right)$$

← $\sin(\alpha - \beta)$ $= \sin\alpha\cos\beta - \cos\alpha\sin\beta$

$0 \leqq \theta < 2\pi$ より $\frac{\pi}{6} \leqq \theta + \frac{\pi}{6} < \frac{13}{6}\pi$

よって，$-1 \leqq \sin\left(\theta + \frac{\pi}{6}\right) \leqq 1$ だから

$$\theta + \frac{\pi}{6} = \frac{\pi}{2} \quad \text{より} \quad \theta = \frac{\pi}{3} \text{ のとき最大値 } 1$$

$$\theta + \frac{\pi}{6} = \frac{3}{2}\pi \quad \text{より} \quad \theta = \frac{4}{3}\pi \text{ のとき最小値 } -1$$

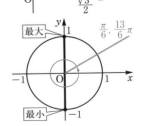

考え方 $\sin(\theta + \alpha) + \cos\theta$ の形の式 ➡ $\sin(\theta + \alpha)$ を加法定理で一度分解し，$\sin\theta$ と $\cos\theta$ の式にしてから合成する

例題 185 三角関数の最大値・最小値(5) ★★★★

関数 $y=2\sin\theta\cos\theta-\sin\theta-\cos\theta$ $(0\leqq\theta\leqq\pi)$ について，次の問いに答えよ。

(1) $\sin\theta+\cos\theta=t$ とおくとき，y を t で表せ。

(2) t の変域を求めよ。　　　　　(3) y の最大値と最小値を求めよ。

解 (1) $t^2=(\sin\theta+\cos\theta)^2=1+2\sin\theta\cos\theta$ より

$2\sin\theta\cos\theta=t^2-1$

よって，$y=(t^2-1)-t=\boldsymbol{t^2-t-1}$

(2) $t=\sin\theta+\cos\theta=\sqrt{2}\,\sin\left(\theta+\dfrac{\pi}{4}\right)$ ◀三角関数の合成

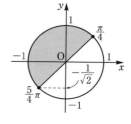

$0\leqq\theta\leqq\pi$ より　$\dfrac{\pi}{4}\leqq\theta+\dfrac{\pi}{4}\leqq\dfrac{5}{4}\pi$　だから

$-\dfrac{1}{\sqrt{2}}\leqq\sin\left(\theta+\dfrac{\pi}{4}\right)\leqq1,$

$-1\leqq\sqrt{2}\,\sin\left(\theta+\dfrac{\pi}{4}\right)\leqq\sqrt{2}$

よって，$\boldsymbol{-1\leqq t\leqq\sqrt{2}}$

(3) (1)，(2)より　$y=\left(t-\dfrac{1}{2}\right)^2-\dfrac{5}{4}$ $(-1\leqq t\leqq\sqrt{2})$

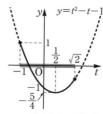

右図より　$t=-1$ のとき**最大値 1**

$t=\dfrac{1}{2}$ のとき**最小値** $-\dfrac{5}{4}$

考え方 $\sin\theta+\cos\theta=t$ の変域は ➡ $t=\sin\theta+\cos\theta=\sqrt{2}\,\sin\left(\theta+\dfrac{\pi}{4}\right)$ から求める

例題 186 図形への応用 ★★★

$AB=2$ を直径とする半円周上に点 P があるとき，次の問いに答えよ。

(1) $\angle PAB=\theta$ $\left(0<\theta<\dfrac{\pi}{2}\right)$ とするとき，$2AP+BP$ を θ の式で表せ。

(2) $2AP+BP$ の最大値を求めよ。

解 (1) $\triangle APB$ において，$\angle APB=90°$ より

$AP=2\cos\theta$，$BP=2\sin\theta$

よって，$\boldsymbol{2AP+BP=4\cos\theta+2\sin\theta}$

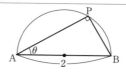

(2) $y=2\sin\theta+4\cos\theta$ とおくと，

$=\sqrt{2^2+4^2}\,\sin(\theta+\alpha)=2\sqrt{5}\,\sin(\theta+\alpha)$ ◀三角関数の合成

ただし，$\cos\alpha=\dfrac{1}{\sqrt{5}}$，$\sin\alpha=\dfrac{2}{\sqrt{5}}$ $\left(0<\alpha<\dfrac{\pi}{2}\right)$

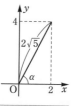

$0<\theta<\dfrac{\pi}{2}$ より　$\alpha<\theta+\alpha<\dfrac{\pi}{2}+\alpha$

$\theta+\alpha=\dfrac{\pi}{2}$ のとき y は**最大値** $2\sqrt{5}$ をとる。

考え方 $a\sin\theta+b\cos\theta$ の最大・最小 ➡ $\sqrt{a^2+b^2}\,\sin(\theta+\alpha)$ と合成して考える

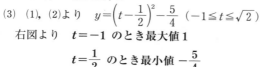

29 和・積の公式（発展）

例題 187 積→和，和→積公式 （数Ⅲ） ★★★

次の値を求めよ。

(1) $\sin 37.5° \cos 7.5°$ (2) $\sin 75° - \sin 15°$

(3) $\sin 10° + \sin 50° - \sin 70°$

解 (1) $\sin 37.5° \cos 7.5° = \dfrac{1}{2}\{\sin(37.5°+7.5°) + \sin(37.5°-7.5°)\}$

$$= \dfrac{1}{2}(\sin 45° + \sin 30°) = \dfrac{\sqrt{2}+1}{4}$$

(2) $\sin 75° - \sin 15° = 2\cos\dfrac{75°+15°}{2}\sin\dfrac{75°-15°}{2}$

$$= 2\cos 45° \sin 30° = \dfrac{\sqrt{2}}{2}$$

(3) $\sin 10° + \sin 50° - \sin 70° = (\sin 10° - \sin 70°) + \sin 50°$

$$= 2\cos 40° \sin(-30°) + \sin(90° - 40°)$$

$$= -\cos 40° + \cos 40° = 0$$

▼積→和公式◢

$$\sin\alpha\cos\beta = \dfrac{1}{2}\{\sin(\alpha+\beta) + \sin(\alpha-\beta)\}$$

$$\cos\alpha\sin\beta = \dfrac{1}{2}\{\sin(\alpha+\beta) - \sin(\alpha-\beta)\}$$

$$\cos\alpha\cos\beta = \dfrac{1}{2}\{\cos(\alpha+\beta) + \cos(\alpha-\beta)\}$$

$$\sin\alpha\sin\beta = -\dfrac{1}{2}\{\cos(\alpha+\beta) - \cos(\alpha-\beta)\}$$

▼和→積公式◢

$$\sin A + \sin B = 2\sin\dfrac{A+B}{2}\cos\dfrac{A-B}{2}$$

$$\sin A - \sin B = 2\cos\dfrac{A+B}{2}\sin\dfrac{A-B}{2}$$

$$\cos A + \cos B = 2\cos\dfrac{A+B}{2}\cos\dfrac{A-B}{2}$$

$$\cos A - \cos B = -2\sin\dfrac{A+B}{2}\sin\dfrac{A-B}{2}$$

例題 188 三角方程式 （和→積公式の利用） （数Ⅲ） ★★★

方程式 $\sin 3\theta - \cos 3\theta = \sin\theta - \cos\theta$ $(0 \leqq \theta \leqq \pi)$ を解け。

解 $\sin 3\theta - \sin\theta = \cos 3\theta - \cos\theta$

和→積公式より $2\cos 2\theta \sin\theta = -2\sin 2\theta \sin\theta$

$$\sin\theta(\sin 2\theta + \cos 2\theta) = 0$$

$$\sqrt{2}\sin\theta\sin\left(2\theta + \dfrac{\pi}{4}\right) = 0 \qquad \blacklozenge \sin 2\theta + \cos 2\theta = \sqrt{2}\sin\left(2\theta + \dfrac{\pi}{4}\right)$$

$\sin\theta = 0$ となるのは $0 \leqq \theta \leqq \pi$ より $\theta = 0,\ \pi$

$\sin\left(2\theta + \dfrac{\pi}{4}\right) = 0$ となるのは $\dfrac{\pi}{4} \leqq 2\theta + \dfrac{\pi}{4} \leqq \dfrac{9}{4}\pi$ より

$2\theta + \dfrac{\pi}{4} = \pi,\ 2\pi$ これから $\theta = \dfrac{3}{8}\pi,\ \dfrac{7}{8}\pi$

よって，$\theta = 0,\ \dfrac{3}{8}\pi,\ \dfrac{7}{8}\pi,\ \pi$

30 累乗根・指数の拡張

例題 189 0と負の整数の指数　★

次の値を指数を用いないで表せ。

(1) 5^0　　　　(2) 2^{-4}　　　　(3) $(-3)^{-2}$

解 (1) $5^0=1$

(2) $2^{-4}=\dfrac{1}{2^4}=\dfrac{1}{16}$

(3) $(-3)^{-2}=\dfrac{1}{(-3)^2}=\dfrac{1}{9}$

▼ 0や負の整数の指数 ◀
$a \neq 0$ で，n が正の整数のとき
$$a^0=1,\quad a^{-n}=\dfrac{1}{a^n}$$

例題 190 累乗の計算　★

次の計算をせよ。

(1) $a^4\times(a^{-2})^3\div a$　　(2) $(a^2b^{-1})^{-3}\div a^{-7}b^2$　　(3) $\left(\dfrac{a}{b^2}\right)^2\div\dfrac{a^4}{b^7}\times\left(\dfrac{b}{a^3}\right)^{-3}$

解 (1) $a^4\times(a^{-2})^3\div a=a^4\times a^{-6}\div a$
$$=a^{4+(-6)-1}$$
$$=a^{-3}=\dfrac{1}{a^3}$$

(2) $(a^2b^{-1})^{-3}\div a^{-7}b^2=a^{-6}b^3\div a^{-7}b^2$
$$=a^{-6-(-7)}b^{3-2}=ab$$

(3) $\left(\dfrac{a}{b^2}\right)^2\div\dfrac{a^4}{b^7}\times\left(\dfrac{b}{a^3}\right)^{-3}=\dfrac{a^2}{b^4}\div\dfrac{a^4}{b^7}\times\dfrac{b^{-3}}{a^{-9}}$
$$=a^2b^{-4}\div(a^4b^{-7})\times a^9b^{-3}$$
$$=a^{2-4+9}b^{-4-(-7)+(-3)}$$
$$=a^7b^0=a^7$$

▼ 指数法則(1) ◀
$a \neq 0$，$b \neq 0$ で，
m，n が整数のとき
$$a^m\times a^n=a^{m+n}$$
$$a^m\div a^n=a^{m-n}$$
$$(a^m)^n=a^{mn}$$
$$(ab)^n=a^nb^n$$
$$\left(\dfrac{a}{b}\right)^n=\dfrac{a^n}{b^n}$$

例題 191 累乗根　★

次の累乗根を実数の範囲で求めよ。

(1) 27 の 3 乗根　　(2) 16 の 4 乗根　　(3) -32 の 5 乗根

解 (1) $x^3=27$ より
$$x=\sqrt[3]{27}=\sqrt[3]{3^3}=3$$

(2) $x^4=16$ より
$$x=\pm\sqrt[4]{16}=\pm\sqrt[4]{2^4}=\pm2$$

(3) $x^5=-32$ より
$$x=\sqrt[5]{-32}=-\sqrt[5]{2^5}=-2$$

▼ n 乗根 ◀
x が a の n 乗根 $\iff x^n=a$
n が奇数のとき
$$x=\sqrt[n]{a}$$
n が偶数で $a>0$ のとき
$$x=\pm\sqrt[n]{a}$$

考え方 累乗根 ➡ $a>0$ のとき $\sqrt[n]{a^n}=a$
　　　　　　　　$a>0$ で，n が奇数のとき $\sqrt[n]{-a}=-\sqrt[n]{a}$

例題 192 累乗根の性質 ★

次の値を求めよ。

(1) $\sqrt[3]{5}\,\sqrt[3]{25}$　　(2) $\dfrac{\sqrt[4]{48}}{\sqrt[4]{3}}$　　(3) $\sqrt{\sqrt[3]{729}}$　　(4) $\sqrt[8]{16}$

解 (1) $\sqrt[3]{5}\,\sqrt[3]{25}=\sqrt[3]{5\times25}=\sqrt[3]{5^3}=5$

(2) $\dfrac{\sqrt[4]{48}}{\sqrt[4]{3}}=\sqrt[4]{\dfrac{48}{3}}=\sqrt[4]{16}=\sqrt[4]{2^4}=2$

(3) $\sqrt{\sqrt[3]{729}}=\sqrt[6]{729}=\sqrt[6]{3^6}=3$

(4) $\sqrt[8]{16}=\sqrt[8]{2^4}=\sqrt{2}$

▶累乗根の性質◀

$\sqrt[n]{a}\,\sqrt[n]{b}=\sqrt[n]{ab}$,　$\dfrac{\sqrt[n]{a}}{\sqrt[n]{b}}=\sqrt[n]{\dfrac{a}{b}}$

$(\sqrt[n]{a})^m=\sqrt[n]{a^m}$,　$\sqrt[m]{\sqrt[n]{a}}=\sqrt[mn]{a}$

$\sqrt[nk]{a^{mk}}=\sqrt[n]{a^m}$

考え方　同じ累乗根 $\sqrt[n]{\bigcirc}$ どうしの計算 ➡ $\sqrt[n]{a^n}=a$ が利用できるように変形

例題 193 有理数の指数と計算 ★

次の計算をせよ。ただし，$a>0$，$b>0$ とする。

(1) $2^{-\frac{1}{6}}\times2^{\frac{1}{2}}\div2^{\frac{1}{3}}$　　(2) $(3^{\frac{2}{3}}\times9^{-1})^{-\frac{3}{4}}$　　(3) $\left\{\left(\dfrac{25}{49}\right)^{-\frac{2}{3}}\right\}^{\frac{3}{4}}$

(4) $a^{\frac{3}{4}}\times a^{-\frac{2}{3}}$　　(5) $(a^{\frac{3}{2}}b)^{\frac{5}{6}}\div(a^{\frac{5}{4}}b^{-\frac{1}{6}})$

解 (1) $2^{-\frac{1}{6}}\times2^{\frac{1}{2}}\div2^{\frac{1}{3}}$

$=2^{-\frac{1}{6}+\frac{1}{2}-\frac{1}{3}}=2^0=1$

(2) $(3^{\frac{2}{3}}\times9^{-1})^{-\frac{3}{4}}$

$=3^{\frac{2}{3}\times\left(-\frac{3}{4}\right)}\times9^{-\left(-\frac{3}{4}\right)}$

$=3^{-\frac{1}{2}}\times3^{2\times\frac{3}{4}}=3^{-\frac{1}{2}+\frac{3}{2}}$

$=3^1=3$

(3) $\left\{\left(\dfrac{25}{49}\right)^{-\frac{2}{3}}\right\}^{\frac{3}{4}}=\left(\dfrac{25}{49}\right)^{-\frac{2}{3}\times\frac{3}{4}}=\left(\dfrac{25}{49}\right)^{-\frac{1}{2}}$

$=\left\{\left(\dfrac{5}{7}\right)^2\right\}^{-\frac{1}{2}}=\left(\dfrac{5}{7}\right)^{-1}=\dfrac{7}{5}$

▶指数法則(2)◀

$a>0$，$b>0$ で，p，q が実数のとき

$a^p\times a^q=a^{p+q}$,　$a^p\div a^q=a^{p-q}$

$(a^p)^q=a^{pq}$

$(ab)^p=a^pb^p$,　$\left(\dfrac{a}{b}\right)^p=\dfrac{a^p}{b^p}$

別解 $\left\{\left(\dfrac{5}{7}\right)^2\right\}^{-\frac{2}{3}\times\frac{3}{4}}=\left\{\left(\dfrac{5}{7}\right)^2\right\}^{-\frac{1}{2}}$

$=\left(\dfrac{5}{7}\right)^{-1}=\dfrac{7}{5}$

(4) $a^{\frac{3}{4}}\times a^{-\frac{2}{3}}=a^{\frac{3}{4}+\left(-\frac{2}{3}\right)}=a^{\frac{1}{12}}$

(5) $(a^{\frac{3}{2}}b)^{\frac{5}{6}}\div(a^{\frac{5}{4}}b^{-\frac{1}{6}})=a^{\frac{3}{2}\times\frac{5}{6}}b^{\frac{5}{6}}\div(a^{\frac{5}{4}}b^{-\frac{1}{6}})$

$=a^{\frac{5}{4}-\frac{5}{4}}b^{\frac{5}{6}-\left(-\frac{1}{6}\right)}=a^0b^1=b$

考え方
・指数法則を使った計算では，次のことを確認しておくとよい。

$\bigcirc\div a^n$ ➡ $\bigcirc\times a^{-n}$,　$\bigcirc\div a^{-n}$ ➡ $\bigcirc\times a^n$,　$\bigcirc\div\dfrac{1}{a^n}$ ➡ $\bigcirc\times a^n$

・例題192は $\sqrt[n]{\bigcirc}$ の形で計算。例題193は a^r の形で指数法則を使った計算。

例題 194 累乗根の計算(1) ★

次の計算をせよ。ただし，$a>0$ とする。

(1) $\sqrt{6}\times\sqrt[3]{18}\div\sqrt[6]{24}$　　(2) $\sqrt[6]{a^5}\times\sqrt[3]{a}\div\sqrt{a}$　　(3) $\sqrt[5]{a\sqrt{a\sqrt[3]{a}}}$

解 (1) $\sqrt{6}\times\sqrt[3]{18}\div\sqrt[6]{24}$

$=\sqrt{2\cdot3}\times\sqrt[3]{2\cdot3^2}\div\sqrt[6]{2^3\cdot3}$

$=(2\cdot3)^{\frac{1}{2}}\times(2\cdot3^2)^{\frac{1}{3}}\div(2^3\cdot3)^{\frac{1}{6}}$

$=(2^{\frac{1}{2}}\cdot3^{\frac{1}{2}})\times(2^{\frac{1}{3}}\cdot3^{\frac{2}{3}})\div(2^{\frac{1}{2}}\cdot3^{\frac{1}{6}})$

$=2^{\frac{1}{2}+\frac{1}{3}-\frac{1}{2}}\cdot3^{\frac{1}{2}+\frac{2}{3}-\frac{1}{6}}=2^{\frac{1}{3}}\cdot3^1=3\sqrt[3]{2}$

←素因数に分解して累乗で表す。

▎**有理数の指数** ▎

$a>0$ で
$m,\ n$ が正の整数のとき
$\sqrt[n]{a^m}=a^{\frac{m}{n}}$

(2) $\sqrt[6]{a^5}\times\sqrt[3]{a}\div\sqrt{a}$

$=a^{\frac{5}{6}}\times a^{\frac{1}{3}}\div a^{\frac{1}{2}}=a^{\frac{5}{6}+\frac{1}{3}-\frac{1}{2}}$

$=a^{\frac{2}{3}}=\sqrt[3]{a^2}$

←$\sqrt[n]{a^m}$ を $a^{\frac{m}{n}}$ の形にして計算する。

←答えの形は問題の形に合わせて $\sqrt[n]{a^m}$ の形にする。

(3) $\sqrt[5]{a\sqrt{a\sqrt[3]{a}}}$

$=\sqrt[5]{a\sqrt{a\times a^{\frac{1}{3}}}}=\sqrt[5]{a\sqrt{a^{\frac{4}{3}}}}=\sqrt[5]{a(a^{\frac{4}{3}})^{\frac{1}{2}}}$

←累乗根の中から計算していく。

$=\sqrt[5]{a\times a^{\frac{2}{3}}}=\sqrt[5]{a^{\frac{5}{3}}}=(a^{\frac{5}{3}})^{\frac{1}{5}}=a^{\frac{1}{3}}=\sqrt[3]{a}$

別解 $\sqrt[5]{a\sqrt{a\sqrt[3]{a}}}$

$=\{a(a\cdot a^{\frac{1}{3}})^{\frac{1}{2}}\}^{\frac{1}{5}}=a^{\{1+(1+\frac{1}{3})\cdot\frac{1}{2}\}\frac{1}{5}}=a^{\frac{1}{3}}=\sqrt[3]{a}$

考え方 累乗根の計算(1) ➡ $a^{\frac{m}{n}}$ に直して，指数法則に従って計算
（ただし，答えの形は $\sqrt[n]{a^m}$ の形にする）

例題 195 累乗根の計算(2) ★★

次の計算をせよ。

(1) $\sqrt[4]{2}+\sqrt[4]{32}$　　　　　　　(2) $\sqrt[3]{-3}-\sqrt[3]{\dfrac{1}{9}}$

解 (1) $\sqrt[4]{2}+\sqrt[4]{32}=\sqrt[4]{2}+\sqrt[4]{2^4\cdot2}=\sqrt[4]{2}+\sqrt[4]{2^4}\sqrt[4]{2}$

$=\sqrt[4]{2}+2\sqrt[4]{2}=3\sqrt[4]{2}$

←$A+2A=3A$

(2) $\sqrt[3]{-3}-\sqrt[3]{\dfrac{1}{9}}=-\sqrt[3]{3}-\sqrt[3]{\dfrac{1}{3^2}}=-\sqrt[3]{3}-\sqrt[3]{\dfrac{3}{3^3}}$

←n が奇数，$a>0$ のとき $\sqrt[n]{-a}=-\sqrt[n]{a}$

$=-\sqrt[3]{3}-\dfrac{\sqrt[3]{3}}{\sqrt[3]{3^3}}=-\sqrt[3]{3}-\dfrac{\sqrt[3]{3}}{3}$

$=-\dfrac{4\sqrt[3]{3}}{3}$

←$-A-\dfrac{A}{3}=-\dfrac{4}{3}A$

考え方 累乗根の計算(2) ➡ $k>0,\ a>0$ のとき，$\sqrt[n]{k^n a}=k\sqrt[n]{a}$
n が奇数，$a>0$ のとき，$\sqrt[n]{-a}=-\sqrt[n]{a}$ の形にしてから計算

例題 196 式の値(1) ★★

$a^{\frac{1}{2}}+a^{-\frac{1}{2}}=3$ $(a>0)$ のとき，次の式の値を求めよ。

(1) $a+a^{-1}$ (2) $a^{\frac{3}{2}}+a^{-\frac{3}{2}}$

解 (1) $a+a^{-1}=(a^{\frac{1}{2}})^2+(a^{-\frac{1}{2}})^2$

$\qquad\qquad =(a^{\frac{1}{2}}+a^{-\frac{1}{2}})^2-2a^{\frac{1}{2}}a^{-\frac{1}{2}}$

$\qquad\qquad =3^2-2\cdot1=7$

$\quad$ (2) $a^{\frac{3}{2}}+a^{-\frac{3}{2}}=(a^{\frac{1}{2}})^3+(a^{-\frac{1}{2}})^3$

$\qquad\qquad\quad =(a^{\frac{1}{2}}+a^{-\frac{1}{2}})^3-3a^{\frac{1}{2}}a^{-\frac{1}{2}}(a^{\frac{1}{2}}+a^{-\frac{1}{2}})$

$\qquad\qquad\quad =3^3-3\cdot1\cdot3=18$

$\boxed{別解}$ (1) 条件式の両辺を 2 乗して

$\qquad\qquad (a^{\frac{1}{2}}+a^{-\frac{1}{2}})^2=3^2$

$\qquad a+2+a^{-1}=9$ よって $a+a^{-1}=7$

← $(a^{\frac{1}{2}})^2=a,\ (a^{-\frac{1}{2}})^2=a^{-1}$
$A=a^{\frac{1}{2}},\ B=a^{-\frac{1}{2}}$ として
$A^2+B^2=(A+B)^2-2AB$ に
代入。$AB=a^0=1$

← $(a^{\frac{1}{2}})^3=a^{\frac{3}{2}},\ (a^{-\frac{1}{2}})^3=a^{-\frac{3}{2}}$
$A=a^{\frac{1}{2}},\ B=a^{-\frac{1}{2}}$ として
A^3+B^3
$=(A+B)^3-3AB(A+B)$
に代入。

$\boxed{考え方}$ ・$a^x+a^{-x}=p$ のとき，$a^{2x}+a^{-2x}$，$a^{3x}+a^{-3x}$ の値を求めるには，

対称式の変形 ➡ $\begin{cases} a^{2x}+a^{-2x}=(a^x+a^{-x})^2-2a^xa^{-x} & ※\ a^xa^{-x}=a^0=1 \\ a^{3x}+a^{-3x}=(a^x+a^{-x})^3-3a^xa^{-x}(a^x+a^{-x}) \end{cases}$ を活用

例題 197 式の値(2) ★★

$3^x+3^{-x}=5$ のとき，次の式の値を求めよ。

(1) 9^x+9^{-x} (2) $3^{\frac{x}{2}}+3^{-\frac{x}{2}}$ (3) 3^x-3^{-x} (4) 3^x

解 (1) $9^x+9^{-x}=(3^x)^2+(3^{-x})^2=(3^x+3^{-x})^2-2\cdot3^x\cdot3^{-x}$

$\qquad\qquad\qquad =5^2-2\cdot1=23$

$\quad$ (2) $(3^{\frac{x}{2}}+3^{-\frac{x}{2}})^2=(3^{\frac{x}{2}})^2+2\cdot3^{\frac{x}{2}}\cdot3^{-\frac{x}{2}}+(3^{-\frac{x}{2}})^2$

$\qquad\qquad\qquad\quad =3^x+3^{-x}+2=5+2=7$

$\quad 3^{\frac{x}{2}}+3^{-\frac{x}{2}}>0$ より $3^{\frac{x}{2}}+3^{-\frac{x}{2}}=\sqrt{7}$

$\quad$ (3) $(3^x-3^{-x})^2=(3^x+3^{-x})^2-4\cdot3^x\cdot3^{-x}=5^2-4\cdot1=21$

$\qquad\qquad よって\quad 3^x-3^{-x}=\pm\sqrt{21}$

$\quad$ (4) $3^x+3^{-x}=5$ の両辺に 3^x を掛けて

$\qquad\qquad (3^x)^2+1=5\cdot3^x \quad (3^x)^2-5\cdot3^x+1=0$

$\qquad 3^x=X$ とおくと $X^2-5X+1=0$ $(X>0)$

$\qquad よって\quad X=3^x=\dfrac{5\pm\sqrt{21}}{2}$ $(3^x>0$ を満たす$)$

← $a=3^x,\ b=3^{-x}$ として
$a^2+b^2=(a+b)^2-2ab$
に代入。$ab=3^0=1$

← $a=3^x,\ b=3^{-x}$ として
$(a-b)^2=(a+b)^2-4ab$
に代入。

← $\begin{array}{r} 3^x+3^{-x}=\ \ \ \ 5 \\ +)\ \ 3^x-3^{-x}=\pm\sqrt{21} \\ \hline 2\cdot3^x\ \ \ \ =5\pm\sqrt{21} \end{array}$

$3^x=\dfrac{5\pm\sqrt{21}}{2}$ としてもよい。

$\boxed{考え方}$ $a^x+a^{-x}=p$ のとき， ➡ $(A-B)^2=(A+B)^2-4AB$ を活用

$\qquad a^x-a^{-x}$ の値を求める $\qquad a^x-a^{-x}=\sqrt{(a^x+a^{-x})^2-4a^xa^{-x}}$ ※ $a^xa^{-x}=a^0=1$

31 指数関数

例題 198 指数関数のグラフ ★

次の関数のグラフと関数 $y=2^x$ のグラフとの位置関係を調べ，グラフをかけ。

(1) $y=\left(\dfrac{1}{2}\right)^x$　　　　　　　(2) $y=2\cdot2^x$

解 (1) $y=\left(\dfrac{1}{2}\right)^x=2^{-x}$ より，$y=2^x$ のグラフと y 軸
　　対称。

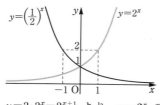

(2) $y=2\cdot2^x=2^{x+1}$ より，$y=2^x$ のグラフを x 軸
　　方向に -1 だけ平行移動したもの。

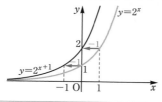

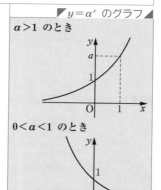

考え方 $y=a^x$ と $y=\left(\dfrac{1}{a}\right)^x=a^{-x}$ のグラフ ➡ y 軸対称

$y=a^{x-p}+q$ のグラフ ➡ $y=a^x$ のグラフを x 軸方向に p，y 軸方向に q だけ平行移動したもの

例題 199 累乗根の大小(1) ★

$\sqrt{3}$，$\sqrt[3]{9}$，$\sqrt[5]{27}$ の大小を比較せよ。

解 $\sqrt{3}=3^{\frac{1}{2}}$，$\sqrt[3]{9}=\sqrt[3]{3^2}=3^{\frac{2}{3}}$，$\sqrt[5]{27}=\sqrt[5]{3^3}=3^{\frac{3}{5}}$

指数を比較すると $\dfrac{1}{2}<\dfrac{3}{5}<\dfrac{2}{3}$

底 3 は 1 より大きいから

$3^{\frac{1}{2}}<3^{\frac{3}{5}}<3^{\frac{2}{3}}$　よって，$\sqrt{3}<\sqrt[5]{27}<\sqrt[3]{9}$

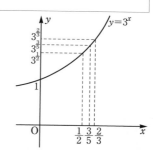

考え方 累乗根の大小 ➡ 底をそろえて指数を比較

$a>1$ のとき $a^p<a^q \iff p<q$

$0<a<1$ のとき $a^p<a^q \iff p>q$

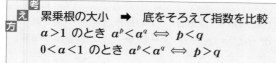

例題 200 累乗，累乗根の大小(2) ★★

次の数の大小を比較せよ。

(1) 2^{30}, 3^{20}, 5^{10}　　　　　　　　(2) $\sqrt{2}$, $\sqrt[3]{3}$, $\sqrt[6]{7}$

解 (1) 3つの数の指数をそろえると

$2^{30}=(2^3)^{10}=8^{10}$, $3^{20}=(3^2)^{10}=9^{10}$, 5^{10} より

$5^{10}<8^{10}<9^{10}$ だから $5^{10}<2^{30}<3^{20}$

◀指数を 10 にそろえる。

別解 3つの数を $\dfrac{1}{10}$ 乗すると

$(2^{30})^{\frac{1}{10}}=2^3=8$, $(3^{20})^{\frac{1}{10}}=3^2=9$, $(5^{10})^{\frac{1}{10}}=5$　より

$(5^{10})^{\frac{1}{10}}<(2^{30})^{\frac{1}{10}}<(3^{20})^{\frac{1}{10}}$ だから $\boldsymbol{5^{10}<2^{30}<3^{20}}$

◀$\dfrac{1}{10}$ 乗して指数を小さくする。

(2) 3つの数を 6 乗して

$(\sqrt{2})^6=(2^{\frac{1}{2}})^6=2^3=8$, $(\sqrt[3]{3})^6=(3^{\frac{1}{3}})^6=3^2=9$,

$(\sqrt[6]{7})^6=(7^{\frac{1}{6}})^6=7$

◀6 乗して，3つの数の根号をはずす。

だから $(\sqrt[6]{7})^6<(\sqrt{2})^6<(\sqrt[3]{3})^6$

よって, $\boldsymbol{\sqrt[6]{7}<\sqrt{2}<\sqrt[3]{3}}$

> **考え方** 累乗，累乗根の大小　➡　比べる数の指数をそろえて底を比較
> 　　　　　　　　　　　　　　　比べる数を何乗かして比較

◀32▶　指数の方程式・不等式，最大・最小

例題 201 指数方程式・指数不等式(1) ★

次の方程式，不等式を解け。

(1) $9^x=27$　　　　　　　　　　(2) $\left(\dfrac{1}{2}\right)^x<\dfrac{1}{16}$

解 (1) $3^{2x}=3^3$ より $2x=3$　　よって, $\boldsymbol{x=\dfrac{3}{2}}$

◀$a>0$, $a\neq1$ のとき
$a^p=a^q \iff p=q$

(2) $\left(\dfrac{1}{2}\right)^x<\left(\dfrac{1}{2}\right)^4$

底 $\dfrac{1}{2}$ は 1 より小さいから $\boldsymbol{x>4}$

◀不等式を解くときは，底の値が 1 より大きいか小さいかを必ずおさえる。
◀底が 1 より小さいから不等号の向きが変わる。

別解 $2^{-x}<2^{-4}$ 底 2 は 1 より大きいから

$-x<-4$ よって $\boldsymbol{x>4}$

◀2 を底とする指数で表す。

> **考え方**
> ・指数方程式　$a^p=a^q \iff p=q$ （ただし, $a>0$ かつ $a\neq1$）
> ・指数不等式　$\begin{cases} a>1 \text{ のとき} & a^p<a^q \iff p<q \\ 0<a<1 \text{ のとき} & a^p<a^q \iff p>q \end{cases}$
> 底が 1 より小さいとき　➡　不等号の向きが変わるので注意

例題 202 指数方程式・指数不等式(2) ★★

次の方程式，不等式を解け。

(1) $4^x - 2^{x+2} - 32 = 0$ 　　　　　(2) $3^{2x+1} - 4 \cdot 3^x + 1 < 0$

解 (1) $4^x = (2^2)^x = 2^{2x} = (2^x)^2$, $2^{x+2} = 4 \cdot 2^x$ だから
　　　　$2^x = t$ $(t > 0)$ とおくと, $t^2 - 4t - 32 = 0$
　　　　$(t+4)(t-8) = 0$ 　　$t > 0$ より 　$t = 8$
　　　　よって, $2^x = 2^3$ より 　$x = 3$

$\leftarrow 2^{x+2} = 2^2 \cdot 2^x = 4 \cdot 2^x$

(2) $3^{2x+1} = 3 \cdot (3^x)^2$ だから 　$3^x = t$ $(t > 0)$ とおくと
　　　$3t^2 - 4t + 1 < 0$ 　　$(3t-1)(t-1) < 0$ より
　　　$\dfrac{1}{3} < t < 1$ すなわち 　$3^{-1} < 3^x < 3^0$
　　　底 3 は 1 より大きいから 　$-1 < x < 0$

$\leftarrow 3^{2x+1} = 3 \cdot 3^{2x} = 3 \cdot (3^x)^2$

$\leftarrow$底の大きさを確認。

考え方 指数方程式・不等式 ➡ $a^x = t$ $(t > 0)$ とおいて, t の方程式・不等式をつくる

例題 203 指数方程式・指数不等式(3) ★★★

不等式 $a^{2x} - a^{x+1} - a^x + a > 0$ を解け。ただし, $a > 0$, $a \neq 1$ とする。

解 $(a^x)^2 - a \cdot a^x - a^x + a > 0$
　　$a^x = t$ $(t > 0)$ とおくと
　　　$t^2 - (a+1)t + a > 0$ より 　$(t-a)(t-1) > 0$
(i) $a > 1$ のとき 　$t < 1$, $a < t$ より
　　　$a^x < a^0$, $a < a^x$ だから 　$x < 0$, $1 < x$
(ii) $0 < a < 1$ のとき 　$t < a$, $1 < t$ より
　　　$a^x < a$, $a^0 < a^x$ だから 　$x > 1$, $x < 0$
　　よって, (i), (ii)のいずれの場合も 　$x < 0$, $1 < x$

$\leftarrow a^{2x} = (a^x)^2$

$\leftarrow (t-\alpha)(t-\beta) > 0$
$\alpha < \beta$ のとき
　$t < \alpha$, $\beta < t$

$\leftarrow 0 < a < 1$ のとき不等号の向きが変わる。

$\leftarrow a > 1$ と $0 < a < 1$ のときの答えは同じである。

考え方 指数不等式を解くとき ➡ 底が 1 より大きいか小さいか必ず確認

例題 204 連立指数方程式 ★★★

連立方程式 $3^x - 3^y = 6$ …① 　$3^{x+y} = 27$ …② を解け。

解 $3^x = X$ $(X > 0)$, $3^y = Y$ $(Y > 0)$ とおくと
　①より 　$X - Y = 6$ すなわち 　$Y = X - 6$ …③
　②より 　$XY = 27$
　③を代入して 　$X(X-6) = 27$ 　　$X^2 - 6X - 27 = 0$
　　$(X+3)(X-9) = 0$ 　$X > 0$ より 　$X = 9$
　③に代入して 　$Y = 3$ $(Y > 0$ に適する$)$
　よって, $3^x = 9$, $3^y = 3$ より 　$x = 2$, $y = 1$

$\leftarrow a^x = X$, $a^y = Y$ とおいて X, Y の連立方程式をつくる。ただし, $X > 0$, $Y > 0$

考え方 連立指数方程式 ➡ $a^x = X$ (> 0), $a^y = Y$ (> 0) とおいて, X, Y の式で表す

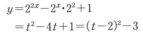 **例題 205** 指数関数の最大・最小(1) ★★★

関数 $y=4^x-2^{x+2}+1$ の最大値，最小値を求めよ。

解 $2^x=t$ $(t>0)$ とおくと ←置きかえたときには変域に注意。

$y=2^{2x}-2^x\cdot 2^2+1$

$=t^2-4t+1=(t-2)^2-3$

グラフより，$t=2$ のとき最小値 -3 となる。

このとき，$2^x=2$ より $x=1$

よって，$x=1$ のとき最小値 -3

　　　　最大値はない

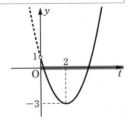

考え方 指数関数の最大・最小 ➡ $a^x=t$ $(t>0)$ とおいて t の関数をつくる

例題 206 指数関数の最大・最小(2) ★★★★

関数 $y=4^x+4^{-x}-5(2^x+2^{-x})+6$ の最小値を求めよ。

解 $2^x+2^{-x}=t$ とおく。

$2^x>0$，$2^{-x}>0$ だから，相加平均・相乗平均の関係

より

$t=2^x+2^{-x}\geqq 2\sqrt{2^x\cdot 2^{-x}}=2$

(等号は $2^x=2^{-x}$ のとき，$x=-x$ より $x=0$)

$4^x+4^{-x}=(2^x)^2+(2^{-x})^2$

$=(2^x+2^{-x})^2-2\cdot 2^x\cdot 2^{-x}=t^2-2$

よって，$y=(t^2-2)-5t+6=t^2-5t+4$

$=\left(t-\dfrac{5}{2}\right)^2-\dfrac{9}{4}$　$(t\geqq 2)$

グラフより，y は $t=\dfrac{5}{2}$ のとき最小値 $-\dfrac{9}{4}$ となる。

このとき，$2^x+2^{-x}=\dfrac{5}{2}$ より $2^x+\dfrac{1}{2^x}=\dfrac{5}{2}$

両辺に $2\cdot 2^x$ を掛けて整理すると

$2(2^x)^2-5\cdot 2^x+2=0$　$(2\cdot 2^x-1)(2^x-2)=0$

$2^x=\dfrac{1}{2}$，2　ゆえに　$x=-1$，1

したがって，$x=\pm 1$ のとき最小値 $-\dfrac{9}{4}$

←$a>0$，$b>0$ のとき
$a+b\geqq 2\sqrt{ab}$

←$4^{-x}=(2^2)^{-x}=(2^{-x})^2$

←$a^2+b^2=(a+b)^2-2ab$

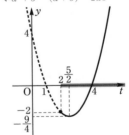

←$2A^2-5A+2=0$
$(2A-1)(A-2)=0$

←$\dfrac{1}{2}=2^{-1}$，$2=2^1$

考え方 $a^x+a^{-x}=t$ のとき ➡ $a^{2x}+a^{-2x}=(a^x+a^{-x})^2-2a^xa^{-x}=t^2-2$

$a^{3x}+a^{-3x}=(a^x+a^{-x})^3-3a^xa^{-x}(a^x+a^{-x})=t^3-3t$

t のとりうる値の範囲は ➡ (相加平均)≧(相乗平均) から
$t=a^x+a^{-x}\geqq 2\sqrt{a^xa^{-x}}=2$ }より $t\geqq 2$

107

33 対数とその性質

例題 207 対数の定義 ★

次の(1)～(3)は $p=\log_a M$ の形で，(4)～(6)は $a^p=M$ の形で表せ。

(1) $3^4=81$ (2) $5^{-2}=\dfrac{1}{25}$ (3) $7^0=1$

(4) $\log_2 8=3$ (5) $\log_{10} 0.0001=-4$ (6) $\log_3\sqrt{3}=\dfrac{1}{2}$

解 (1) $3^4=81 \iff 4=\log_3 81$

(2) $5^{-2}=\dfrac{1}{25} \iff -2=\log_5\dfrac{1}{25}$

(3) $7^0=1 \iff 0=\log_7 1$

(4) $\log_2 8=3 \iff 2^3=8$

(5) $\log_{10} 0.0001=-4 \iff 10^{-4}=0.0001$

(6) $\log_3\sqrt{3}=\dfrac{1}{2} \iff 3^{\frac{1}{2}}=\sqrt{3}$

▶指数と対数の関係◀

$a>0$, $a\neq1$, $M>0$ のとき
$$a^p=M \iff p=\log_a M$$

例題 208 対数の値(1) ★

次の値を求めよ。

(1) $\log_3 81$ (2) $\log_4 8$ (3) $\log_{\sqrt{3}}\dfrac{1}{9}$

解 (1) $\log_3 81=x$ とおくと $3^x=81$

$3^x=3^4$ より $x=4$

よって，$\log_3 81=4$

(2) $\log_4 8=x$ とおくと $4^x=8$

$2^{2x}=2^3$ より，$2x=3$ だから $x=\dfrac{3}{2}$

よって，$\log_4 8=\dfrac{3}{2}$

(3) $\log_{\sqrt{3}}\dfrac{1}{9}=x$ とおくと $(\sqrt{3})^x=\dfrac{1}{9}$

$3^{\frac{1}{2}x}=3^{-2}$ より $\dfrac{1}{2}x=-2$ だから $x=-4$

よって，$\log_{\sqrt{3}}\dfrac{1}{9}=-4$

←$a^p=M \iff p=\log_a M$ の式で
(1) $a=3$, $M=81$ のとき
(2) $a=4$, $M=8$ のとき
(3) $a=\sqrt{3}$, $M=\dfrac{1}{9}$ のとき

別解
(1) $\log_3 81=\log_3 3^4=4$
(2) $\log_4 8=\dfrac{\log_2 8}{\log_2 4}=\dfrac{\log_2 2^3}{\log_2 2^2}$
$$=\dfrac{3\log_2 2}{2\log_2 2}=\dfrac{3}{2}$$
(3) $\log_{\sqrt{3}}\dfrac{1}{9}$
$$=\dfrac{\log_3\dfrac{1}{9}}{\log_3\sqrt{3}}=\dfrac{\log_3 3^{-2}}{\log_3 3^{\frac{1}{2}}}$$
$$=\dfrac{-2\log_3 3}{\dfrac{1}{2}\log_3 3}=-4$$

考え方

指数と対数の関係 ➡ $a^p=M \iff p=\log_a M$

底 ― 真数

a を底とする M の対数

次の式を簡単にせよ。

(1) $\log_6 2+\log_6 3$　　(2) $\log_5 100-\log_5 4$　　(3) $\dfrac{1}{2}\log_2 18-\log_2 3$

解 (1) $\log_6 2+\log_6 3$　←$\log_a M+\log_a N=\log_a MN$

$=\log_6(2\times3)=\log_6 6=1$

(2) $\log_5 100-\log_5 4$　←$\log_a M-\log_a N=\log_a\dfrac{M}{N}$

$=\log_5\dfrac{100}{4}=\log_5 25$

$=\log_5 5^2=2\log_5 5=2$　←$\log_a M^r=r\log_a M$

(3) $\dfrac{1}{2}\log_2 18-\log_2 3$　←$r\log_a M=\log_a M^r$

$=\log_2\sqrt{18}-\log_2 3$　←$\log_a M-\log_a N=\log_a\dfrac{M}{N}$

$=\log_2\dfrac{3\sqrt{2}}{3}=\log_2 2^{\frac{1}{2}}=\dfrac{1}{2}\log_2 2=\dfrac{1}{2}$

▼対数の性質▲

$a>0,\ a\neq1,\ M>0,\ N>0$ のとき
$\log_a 1=0,\ \log_a a=1$
$\log_a MN=\log_a M+\log_a N$
$\log_a\dfrac{M}{N}=\log_a M-\log_a N$
$\log_a M^r=r\log_a M$（rは実数）

例題 207-210

考え方 同じ底の対数の和・差の計算　➡　対数の性質を使って，真数を1つに

$3\log_3\sqrt{2}+\log_3\dfrac{\sqrt{3}}{2}-\dfrac{1}{2}\log_3 6$ を簡単にせよ。

解 $3\log_3\sqrt{2}+\log_3\dfrac{\sqrt{3}}{2}-\dfrac{1}{2}\log_3 6$

$=\log_3(\sqrt{2})^3+\log_3\dfrac{\sqrt{3}}{2}-\log_3 6^{\frac{1}{2}}$　←logの係数をすべて1にしてから真数を1つにまとめる。

$=\log_3 2\sqrt{2}+\log_3\dfrac{\sqrt{3}}{2}-\log_3\sqrt{6}$

$=\log_3\left(2\sqrt{2}\times\dfrac{\sqrt{3}}{2}\times\dfrac{1}{\sqrt{6}}\right)=\log_3 1=0$

別解 $3\log_3\sqrt{2}+\log_3\sqrt{3}-\log_3 2-\dfrac{1}{2}\log_3(2\times3)$　←素因数分解して，真数をバラバラにする。

$=3\log_3 2^{\frac{1}{2}}+\log_3 3^{\frac{1}{2}}-\log_3 2-\dfrac{1}{2}(\log_3 2+\log_3 3)$

$=\dfrac{3}{2}\log_3 2+\dfrac{1}{2}-\log_3 2-\dfrac{1}{2}\log_3 2-\dfrac{1}{2}$　←バラしたlogをまとめる。

$=\left(\dfrac{3}{2}-1-\dfrac{1}{2}\right)\log_3 2=0$

考え方 同じ底の対数計算　➡　logの係数を1にそろえて真数を1つにまとめる　真数を因数分解してバラバラにする

例題 **211** 底の変換と対数の計算(1) ★★

次の式を簡単にせよ。

(1) $\log_8 16$ (2) $\log_9 4 - \log_3 6$

(3) $\log_2 3 \cdot \log_3 5 \cdot \log_5 8$ (4) $\log_3 2 \div \log_{27} 4$

解 (1) $\log_8 16$

$$= \frac{\log_2 16}{\log_2 8} = \frac{\log_2 2^4}{\log_2 2^3} = \frac{4\log_2 2}{3\log_2 2} = \frac{4}{3}$$

▶ **底の変換公式** ◀

a, b, c が正の数で,
$a \neq 1$, $c \neq 1$ のとき

$$\log_a b = \frac{\log_c b}{\log_c a}$$

(2) $\log_9 4 - \log_3 6$

$$= \frac{\log_3 4}{\log_3 9} - \log_3 6 = \frac{\log_3 2^2}{\log_3 3^2} - \log_3 6$$

←底を 3 に
そろえる。

$$= \frac{2\log_3 2}{2\log_3 3} - \log_3 6 = \log_3 2 - \log_3 6$$

$$= \log_3 \frac{2}{6} = \log_3 \frac{1}{3} = \log_3 3^{-1} = -1$$

(3) $\log_2 3 \cdot \log_3 5 \cdot \log_5 8$

$$= \log_2 3 \cdot \frac{\log_2 5}{\log_2 3} \cdot \frac{\log_2 8}{\log_2 5}$$

←底をすべて 2
にそろえる。

$$= \log_2 8 = \log_2 2^3 = 3\log_2 2 = 3$$

(4) $\log_3 2 \div \log_{27} 4$

$$= \log_3 2 \div \frac{\log_3 4}{\log_3 27}$$

$$= \log_3 2 \times \frac{\log_3 3^3}{\log_3 2^2} = \log_3 2 \times \frac{3\log_3 3}{2\log_3 2} = \frac{3}{2}$$

考え方 異なる底の対数 ➡ 底の変換公式 $\log_a b = \dfrac{\log_c b}{\log_c a}$ で,底を統一

例題 **212** 底の変換と対数の計算(2) ★★

$(\log_2 3 + \log_8 9)(\log_3 4 + \log_9 2)$ を計算せよ。

解 $(\log_2 3 + \log_8 9)(\log_3 4 + \log_9 2)$

$$= \left(\log_2 3 + \frac{\log_2 9}{\log_2 8}\right)\left(\frac{\log_2 4}{\log_2 3} + \frac{\log_2 2}{\log_2 9}\right)$$

←底を 2 にそろえる。

$$= \left(\log_2 3 + \frac{\log_2 3^2}{\log_2 2^3}\right)\left(\frac{\log_2 2^2}{\log_2 3} + \frac{1}{\log_2 3^2}\right)$$

$$= \left(\log_2 3 + \frac{2}{3}\log_2 3\right)\left(\frac{2}{\log_2 3} + \frac{1}{2\log_2 3}\right)$$

$$= \left(\frac{5}{3}\log_2 3\right) \cdot \left(\frac{5}{2\log_2 3}\right) = \frac{5}{3} \cdot \frac{5}{2} = \frac{25}{6}$$

別解

$$\left(\log_2 3 + \frac{2}{3}\log_2 3\right)\left(\frac{2}{\log_2 3} + \frac{1}{2\log_2 3}\right)$$

$$= 2 + \frac{1}{2} + \frac{4}{3} + \frac{1}{3} = \frac{25}{6}$$

として計算してもよい。

考え方 異なる底の変換 ➡ 自然数の底のうち,一番小さい底にそろえる

例題 213 対数の値（2）　　★★

$\log_{10}2=a$，$\log_{10}3=b$ とするとき，次の値を a，b で表せ。

(1) $\log_{10}24$　　　(2) $\log_{10}5$　　　(3) $\log_6 9$

解 (1) $\log_{10}24=\log_{10}(2^3\times3)$

　　　　$=3\log_{10}2+\log_{10}3=3a+b$

←真数 24 を素因数分解する。

(2) $\log_{10}5=\log_{10}\dfrac{10}{2}$

　　　$=\log_{10}10-\log_{10}2=1-a$

←$5=\dfrac{10}{2}$ と表すのは重要。

(3) $\log_6 9=\dfrac{\log_{10}9}{\log_{10}6}=\dfrac{\log_{10}3^2}{\log_{10}(2\times3)}$

←a，b の底が 10 だから，$\log_6 9$ の底を 10 に変換する。

　　　$=\dfrac{2\log_{10}3}{\log_{10}2+\log_{10}3}=\dfrac{2b}{a+b}$

考え方
・ある対数を $\log_{10}2$，$\log_{10}3$ で表すには，真数を素因数分解する。

・対数の性質を使って，$\log_{10}2$ と $\log_{10}3$ の和と差に分ける。さらに

$$\log_{10}5 \;\Rightarrow\; \log_{10}\dfrac{10}{2}=1-\log_{10}2 \text{ は頻出}$$

例題 214 $a^x=b^y=c^z$ のときの式の値　　★★

$2^x=3^y=6^z$，$xyz\neq0$ のとき，$\dfrac{1}{x}+\dfrac{1}{y}-\dfrac{1}{z}$ の値を求めよ。

解 $2^x=3^y=6^z$ の各辺の 6 を底とする対数をとると

←z だけで表すために 6 を底とする各辺の対数をとる。

$\log_6 2^x=\log_6 3^y=\log_6 6^z$ より　$x\log_6 2=y\log_6 3=z$

$x=\dfrac{z}{\log_6 2}$，$y=\dfrac{z}{\log_6 3}$ を与式に代入すると

$\dfrac{1}{x}+\dfrac{1}{y}-\dfrac{1}{z}=\dfrac{\log_6 2}{z}+\dfrac{\log_6 3}{z}-\dfrac{1}{z}$

　　　$=\dfrac{\log_6 2+\log_6 3-1}{z}=\dfrac{\log_6 6-1}{z}=0$

別解 $2^x=3^y=6^z$ の各辺の 10 を底とする対数をとり

←比例式$=k$ とおくのと同じテクニック。

$\log_{10}2^x=\log_{10}3^y=\log_{10}6^z=k$ とおくと

←10 以外の底でも基本的に同じである。

$x=\dfrac{k}{\log_{10}2}$，$y=\dfrac{k}{\log_{10}3}$，$z=\dfrac{k}{\log_{10}6}$

$\dfrac{1}{x}+\dfrac{1}{y}-\dfrac{1}{z}=\dfrac{\log_{10}2}{k}+\dfrac{\log_{10}3}{k}-\dfrac{\log_{10}6}{k}$

　　　$=\dfrac{\log_{10}6-\log_{10}6}{k}=0$

考え方 $a^x=b^y=c^z \;\Rightarrow\; \log_c a^x=\log_c b^y=\log_c c^z \;\Rightarrow\; x=\dfrac{z}{\log_c a}$，$y=\dfrac{z}{\log_c b}$

（c を底とする対数をとる）

例題 211 ｜ 214

111

34 対数関数

例題 215 対数関数のグラフ ★★

次の関数のグラフと関数 $y=\log_2 x$ のグラフとの位置関係を調べよ。

(1) $y=\log_{\frac{1}{2}} x$ (2) $y=\log_2(x+1)$ (3) $y=\log_2 2x$

解 (1) $y=\log_{\frac{1}{2}} x=-\log_2 x$ より

$y=\log_2 x$ のグラフと x 軸に関して対称。

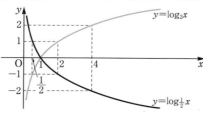

(2) $y=\log_2(x+1)$

$y=\log_2 x$ のグラフを x 軸方向に -1 だけ平行移動したもの。

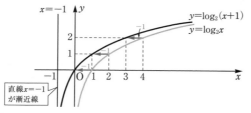

直線 $x=-1$ が漸近線

(3) $y=\log_2 2x=\log_2 x+\log_2 2=\log_2 x+1$ より

$y=\log_2 x$ のグラフを y 軸方向に 1 だけ平行移動したもの。

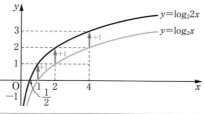

$\blacktriangleleft y=\log_{\frac{1}{2}} x=\dfrac{\log_2 x}{\log_2 \frac{1}{2}}$

$=\dfrac{\log_2 x}{-1}=-\log_2 x$

となるから

$y=\log_2 x$ と $\log_{\frac{1}{2}} x$ のグラフは x 軸対称。

▼ $y=\log_a x$ のグラフ ◢

$a>1$ のとき

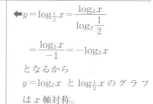

$0<a<1$ のとき

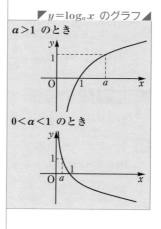

考え方 $y=\log_a x$ のグラフと $y=\log_a(x-p)$, $y=\log_a px$ のグラフ

$y=\log_a(x-p)$ ➡ $\boxed{y=\log_a x}$ ➡ x 軸方向に p だけ平行移動

$y=\log_a px$ ➡ $\boxed{\text{のグラフを}}$ ➡ y 軸方向に $\log_a p$ だけ平行移動

4章

指数関数・対数関数

112

例題 216 対数の大小(1) ★★

次の数の大小を比較せよ。

(1) $\log_3 10$, 2 (2) $\log_{0.5} 7$, $\log_2 7$, $\log_3 7$

解 (1) $2 = 2\log_3 3 = \log_3 3^2 = \log_3 9$ ← 2 を 3 を底とする対数で表す。

底 3 は 1 より大きいから

$\log_3 9 < \log_3 10$ よって，$2 < \log_3 10$

(2) 底を 7 にそろえると

$$\log_{0.5} 7 = \frac{1}{\log_7 0.5}, \quad \log_2 7 = \frac{1}{\log_7 2}, \quad \log_3 7 = \frac{1}{\log_7 3}$$ ← $\log_a b = \dfrac{1}{\log_b a}$

底 7 は 1 より大きく，$0.5 < 1 < 2 < 3$ だから   ← 分母の真数の比較

$\log_7 0.5 < 0 < \log_7 2 < \log_7 3$ ← $\log_7 1 = 0$

よって，$\dfrac{1}{\log_7 0.5} < \dfrac{1}{\log_7 3} < \dfrac{1}{\log_7 2}$

ゆえに，$\log_{0.5} 7 < \log_3 7 < \log_2 7$

考え方 $y = \log_a x$ ➡ $a > 1$ のとき増加関数，$0 < a < 1$ のとき減少関数
対数の大小 ➡ 底をそろえて真数の大小を比較

例題 217 対数の大小(2) ★★★

$a^2 < b < a < 1$ のとき，次の大小を比較せよ。

$$\log_a b, \quad \log_b a, \quad \log_a \frac{a}{b}, \quad \log_b \frac{b}{a}, \quad 0, \quad \frac{1}{2}, \quad 1$$

解 $a^2 < b < a$ の各辺の a を底とする対数をとると，

$a < 1$ だから $\log_a a < \log_a b < \log_a a^2$

よって，$1 < \log_a b < 2$ ...①   ← $\log_a b = \dfrac{\log_b b}{\log_b a} = \dfrac{1}{\log_b a}$

$\log_b a = \dfrac{1}{\log_a b}$ だから $\dfrac{1}{2} < \log_b a < 1$ ...②   ← $a > b > c \ (>0)$

また $\log_a \dfrac{a}{b} = \log_a a - \log_a b = 1 - \log_a b$ $\Longrightarrow \dfrac{1}{a} < \dfrac{1}{b} < \dfrac{1}{c}$

①より $1 - \log_a b < 0$ だから $\log_a \dfrac{a}{b} < 0$ ...③   正の数では，逆数にすると不等号の向きが変わる。

さらに $\log_b \dfrac{b}{a} = \log_b b - \log_b a = 1 - \log_b a$

②より $\dfrac{1}{2} < \log_b a < 1$ だから $0 < \log_b \dfrac{b}{a} < \dfrac{1}{2}$ ...④

①，②，③，④より

$$\log_a \frac{a}{b} < 0 < \log_b \frac{b}{a} < \frac{1}{2} < \log_b a < 1 < \log_a b$$

考え方 比較する対数がたくさんあるとき ➡ 底と真数の大小から，まず正か負かを判断 グラフをかいて，およその大小を較べるのも有効

113

例題 218 対数方程式(1) ★★

方程式 $\log_2(x+5)=3$ を解け。

解 $3=3\log_2 2=\log_2 2^3=\log_2 8$ だから

$\log_2(x+5)=\log_2 8$ より

$x+5=8$ よって，$x=3$

◀底を2にそろえる。

別解 対数の定義より

$2^3=x+5$ よって，$x=3$

> **考え方** 対数方程式 ➡ 両辺の真数を等しくおき，$\log_a p=\log_a q \iff p=q$

例題 219 対数方程式(2) ★★

方程式 $\log_3(x-3)+\log_3(2x+1)=2$ を解け。

解 真数は正だから $x-3>0$ かつ $2x+1>0$ より

   $x>3$ …①

◀もとの式で真数条件（真数が正）をおさえる。

$\log_3(x-3)(2x+1)=\log_3 9$ より

  $(x-3)(2x+1)=9$

  $2x^2-5x-12=0$

◀$\log_3 ○=\log_3 □$ として真数を比較。$○=□$

  $(2x+3)(x-4)=0$ よって，$x=-\dfrac{3}{2}$, 4

①より $x=4$

> **考え方** 対数方程式 ➡ もとの式を変形する前に，真数>0 の条件をとる
> $\log_a ○=\log_a □$ と変形して，$○=□$ を解く

例題 220 対数方程式(3) ★★★

方程式 $(\log_4 x)^2-\log_4 x^2-3=0$ を解け。

解 真数は正だから $x>0$

$\log_4 x=t$ とおくと，t はすべての実数値をとり

  $t^2-2t-3=0$ $(t+1)(t-3)=0$

  $t=-1$, 3

◀$\log_4 x^2=2\log_4 x$

◀$(\log_4 x)^2-2\log_4 x-3=0$
$(\log_4 x+1)(\log_4 x-3)=0$
$\log_4 x=-1$, 3
としてもよい。

$t=-1$ のとき $\log_4 x=-1=\log_4 4^{-1}$ より $x=\dfrac{1}{4}$

$t=3$ のとき $\log_4 x=3=\log_4 4^3$ より $x=4^3=64$

よって，$x=\dfrac{1}{4}$, 64 （$x>0$ を満たす）

◀$x=4^{-1}$, 4^3

> **考え方** $(\log_a x)^2$ があるとき ➡ $\log_a x=t$ とおいて，t のどんな式になるか考える

例題 221 底が異なる指数方程式　★★★

方程式 $2^x=3^{x+1}$ を解け。

解 両辺は正だから，両辺の 2 を底とする対数をとって

$\log_2 2^x=\log_2 3^{x+1}$ より

$x=(x+1)\log_2 3$

$(1-\log_2 3)x=\log_2 3$　←x について整理する。

よって，$x=\dfrac{\log_2 3}{1-\log_2 3}$

←与式の両辺の 3 を底とする対数をとると，解は $x=\dfrac{1}{\log_3 2-1}$ となるが，この分母，分子に $\log_2 3$ を掛けると $x=\dfrac{\log_2 3}{1-\log_2 3}$ となり同じ値である。

考え方 底が異なる指数方程式 ➡ 両辺の対数をとる　答えは log を含んだままになることがある

例題 222 対数不等式(1)　★★

不等式 $\log_2 x<4$ を解け。

解 $4=4\log_2 2=\log_2 2^4=\log_2 16$ だから

$\log_2 x<\log_2 16$

真数 x は正で，底 2 は 1 より大きいから

$0<x<16$

←底が 1 より大きいか小さいか必ず確認。

考え方 対数不等式 ➡ $\begin{cases} a>1 \text{ のとき} & \log_a p<\log_a q \iff 0<p<q \\ 0<a<1 \text{ のとき} & \log_a p<\log_a q \iff p>q>0 \end{cases}$

例題 223 対数不等式(2)　★★★

不等式 $2\log_{\frac{1}{3}}(x+1)>\log_{\frac{1}{3}}(5-x)$ を解け。

解 真数は正だから　$x+1>0$　かつ　$5-x>0$　より

$-1<x<5$　…①

$\log_{\frac{1}{3}}(x+1)^2>\log_{\frac{1}{3}}(5-x)$

底 $\dfrac{1}{3}$ は 1 より小さいから

$(x+1)^2<5-x,\quad x^2+3x-4<0$

$(x+4)(x-1)<0$

よって，$-4<x<1$ …②

①，②より　$-1<x<1$

←もとの式で真数条件（真数が正）をおさえる。

←底が 1 より大きいか小さいか必ず確認。
←真数を比較。底が 1 より小さいので不等号の向きが > から < に変わる。

←①の $-1<x<5$ と②の $-4<x<1$ との共通範囲をとる。

考え方 ・変形しないもとの式で真数が正である条件をおさえてから底をそろえる。　・それから底が 1 より大きいか小さいか確認して，真数を比較する。

対数不等式 ➡ 真数を比較する前に必ず底の大きさを確認

例題 218│223

115

例題 224 対数不等式(3) ★★★★

不等式 $\log_a x \leqq \log_{a^2}(2x+8)$ を解け。ただし，$a>0$，$a \neq 1$ とする。

解 真数は正だから

$x>0$　かつ　$2x+8>0$ より　$x>0$ …①

$$\log_a x \leqq \frac{\log_a(2x+8)}{\log_a a^2} = \frac{\log_a(2x+8)}{2}$$

←底を a に統一。

$2\log_a x \leqq \log_a(2x+8)$，　　$\log_a x^2 \leqq \log_a(2x+8)$

←底 a が 1 より大きいか小さいかで場合分け。

(ⅰ) $a>1$ のとき　$x^2 \leqq 2x+8$

←底 a が 1 より大きいとき，不等号 ≦ はそのまま。

　$x^2-2x-8 \leqq 0$ より　$(x+2)(x-4) \leqq 0$

　　$-2 \leqq x \leqq 4$　①より　$0<x \leqq 4$

(ⅱ) $0<a<1$ のとき　$x^2 \geqq 2x+8$

←底 a が 1 より小さいとき，不等号 ≦ は向きが反対 ≧ になる。

　$x^2-2x-8 \geqq 0$ より　$(x+2)(x-4) \geqq 0$

　　$x \leqq -2$，$4 \leqq x$　①より　$x \geqq 4$

よって，$a>1$ のとき　$0<x \leqq 4$，$0<a<1$ のとき　$x \geqq 4$

考え方 底が異なる場合　➡　必ず底を簡単な底のほうに統一

例題 225 対数不等式(4) ★★★★

不等式 $\log_2 x - \log_x 4 \geqq 1$ を解け。

解 対数の真数，底の条件より　$x>0$　かつ　$x \neq 1$

底をそろえて　$\log_2 x - \dfrac{2}{\log_2 x} \geqq 1$ …①

←$\log_x 4 = \dfrac{\log_2 4}{\log_2 x} = \dfrac{2}{\log_2 x}$

(ⅰ) $\log_2 x<0$　すなわち　$0<x<1$ のとき

　①の両辺に $\log_2 x$ を掛けて　$(\log_2 x)^2-2 \leqq \log_2 x$

←$\log_2 x<0$ だから，不等号の向きが変わる。

　　$(\log_2 x)^2-\log_2 x-2 \leqq 0$

　　$(\log_2 x+1)(\log_2 x-2) \leqq 0$

　$\log_2 x<0$ より　$-1 \leqq \log_2 x<0$　だから

　$\dfrac{1}{2} \leqq x<1$ $(0<x<1$ を満たす$)$

←$\log_2 \dfrac{1}{2} \leqq \log_2 x<\log_2 1$

(ⅱ) $\log_2 x>0$　すなわち　$x>1$ のとき

　①の両辺に $\log_2 x$ を掛けて　$(\log_2 x)^2-2 \geqq \log_2 x$

←$\log_2 x>0$ だから，不等号の向きはそのまま。

　　$(\log_2 x+1)(\log_2 x-2) \geqq 0$

　$\log_2 x>0$ より　$\log_2 x \geqq 2$　だから

　$x \geqq 4$ $(x>1$ を満たす$)$

(ⅰ)，(ⅱ)より　$\dfrac{1}{2} \leqq x<1$，$4 \leqq x$

考え方 不等式の両辺に $\log_2 x$ を掛けるとき，不等号の向きに注意
$0<x<1$ のとき，$\log_2 x<0$，$x>1$ のとき，$\log_2 x>0$

例題 226 対数関数の最大・最小(1)　　★★★

関数　$y=\log_2(x+2)+\log_2(6-x)$　の最大値，最小値を求めよ。

解　真数は正だから　$x+2>0$　かつ　$6-x>0$　より

$\quad -2<x<6$　…①

$\quad y=\log_2(x+2)(6-x)$

$\quad\quad =\log_2(-x^2+4x+12)$

ここで，真数を $f(x)$ とおくと

$\quad f(x)=-x^2+4x+12=-(x-2)^2+16$

①において，グラフより

$\quad 0<f(x)\leqq16$

$y=\log_2 f(x)$ は底が 2 で，1 より大きいから増加

関数。よって，最大値は　$\log_2 16=4$

ゆえに，$x=2$ のとき最大値 4，最小値はない。

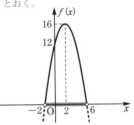

←真数だけを取り出して $f(x)$ とおく。

考え方　関数 $y=\log_a f(x)$ の最大・最小　➡　真数 $f(x)$ の最大・最小で考える

例題 227 対数関数の最大・最小(2)　　★★★

次の関数の最大値，最小値を求めよ。

(1)　$y=(\log_3 x)^2+2\log_3 x-1$　　　(2)　$y=\left(\log_2\dfrac{x}{2}\right)\left(\log_2\dfrac{x}{8}\right)$　$(1\leqq x\leqq8)$

解　(1)　$\log_3 x=t$ とおくと，t はすべての実数値をとり

$\quad y=t^2+2t-1=(t+1)^2-2$

よって，$t=-1$，すなわち　$\log_3 x=-1$　より

$x=\dfrac{1}{3}$ のとき最小値 -2，最大値はない。

←文字を置きかえたときは変域に注意する。

(2)　$y=\left(\log_2\dfrac{x}{2}\right)\left(\log_2\dfrac{x}{8}\right)$

$\quad =(\log_2 x-\log_2 2)(\log_2 x-\log_2 8)$

$\quad =(\log_2 x-1)(\log_2 x-3)=(\log_2 x)^2-4\log_2 x+3$

$\log_2 x=t$ とおくと

$\quad y=t^2-4t+3=(t-2)^2-1$

ここで，$1\leqq x\leqq8$ より

$\quad \log_2 1\leqq\log_2 x\leqq\log_2 8$　　　よって，$0\leqq t\leqq3$

このとき，グラフより

$\quad t=\log_2 x=0$　すなわち　$x=1$ のとき最大値 3

$\quad t=\log_2 x=2$　すなわち　$x=4$ のとき最小値 -1

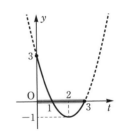

←文字を置きかえたときは変域に注意する。

考え方　$\log_a x$ を含む関数の最大・最小　➡　$\log_a x=t$ とおいて t の関数で考える（t の変域に注意）
このとき，真数>0 と混同して $\log_a x>0$ としない

対数を含む不等式の表す領域 ★★★★

次の不等式の表す領域を図示せよ。

(1) $\log_2(2x+y) < 2\log_2 x$ (2) $(\log_x y)^2 < 1$

解 (1) 真数は正だから

$2x+y > 0$ …①, $x > 0$ …②

このとき

$\log_2(2x+y) < \log_2 x^2$

底 2 は 1 より大きいから

$2x+y < x^2$

すなわち $y < (x-1)^2 - 1$ …③

求める領域は，①，②，③の表す領域の共通部分で，右図の灰色部分である。

ただし，境界は含まない。

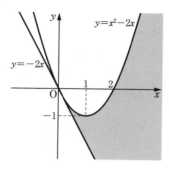

(2) 真数は正だから $y > 0$

底は正で 1 でないから

$x > 0,\ x \neq 1$

$(\log_x y)^2 < 1$ より

$(\log_x y + 1)(\log_x y - 1) < 0$

$-1 < \log_x y < 1$ だから

$\log_x \dfrac{1}{x} < \log_x y < \log_x x$

(i) $x > 1$ のとき

$\dfrac{1}{x} < y < x$

(ii) $0 < x < 1$ のとき

$x < y < \dfrac{1}{x}$

求める領域は，(i)と(ii)の表す領域を合わせたもので，右図の灰色部分である。

ただし，境界は含まない。

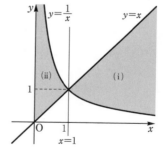

考え方

・(1)は，対数どうしの不等式の関係から，真数を比較して x，y の関係式を求めている。

・(2)のように底に x がある式では，底が 1 より大きい場合と小さい場合に分けて考える。

対数で表された不等式の領域の図示 ➡ (真数)>0，(底)>0 かつ (底)≠1
はいつでもついてくる

36 常用対数

例題 229 桁数と最高位の数字の問題　★★★

$\log_{10} 2 = 0.3010$，$\log_{10} 3 = 0.4771$ として，次の問いに答えよ。

(1) 6^{20} は何桁の整数か。　　(2) 6^{20} の最高位の数字は何か。

解 (1) 6^{20} の常用対数をとると

$$\log_{10} 6^{20} = 20 \log_{10}(2 \times 3) = 20(\log_{10} 2 + \log_{10} 3)$$
$$= 20(0.3010 + 0.4771) = 15.562 \text{ より}$$

$$15 < \log_{10} 6^{20} < 16$$

よって，$10^{15} < 6^{20} < 10^{16}$

ゆえに，6^{20} は **16 桁の整数**

(2) $\log_{10} 6^{20} = 15.562$ より

$$6^{20} = 10^{15.562} = 10^{0.562} \times 10^{15} \quad \cdots ①$$

$\log_{10} 3 = 0.4771$，$\log_{10} 4 = 2\log_{10} 2 = 0.6020$ より

$$10^{0.4771} < 10^{0.562} < 10^{0.6020} \text{ だから}$$

$$3 < 10^{0.562} < 4 \quad \cdots ②$$

①，②より　$3 \times 10^{15} < 6^{20} < 4 \times 10^{15}$

よって，6^{20} の最高位の数字は **3** である。

▼ *n* 桁の整数 ▲

n 桁の整数 A
$$10^{n-1} \leqq A < 10^n$$
$$n-1 \leqq \log_{10} A < n$$

◀ $\log_{10} 3 = 0.4771 \iff 10^{0.4771} = 3$
$\log_{10} 4 = 0.6020 \iff 10^{0.6020} = 4$

考え方 整数 A の桁数 ➡ $\log_{10} A$ を計算して ➡ $n-1 \leqq \log_{10} A < n$ と表す

整数 A の最高位の数 ➡ $A = 10^p \times 10^n$（$0 \leqq p < 1$，n は整数）と表し，
$\alpha \leqq 10^p < \alpha + 1$ を満たす自然数 α を求める

例題 230 *n* 桁の整数　★★★

5^x が 10 桁の整数となる自然数 x を求めよ。ただし，$\log_{10} 2 = 0.3010$ とする。

解 5^x が 10 桁の整数であるとき　$10^9 \leqq 5^x < 10^{10}$

各辺の常用対数をとると

$$\log_{10} 10^9 \leqq \log_{10} 5^x < \log_{10} 10^{10}$$

$$9 \leqq x \log_{10} 5 < 10$$

ここで　$\log_{10} 5 = \log_{10} \dfrac{10}{2} = \log_{10} 10 - \log_{10} 2$

$$= 1 - 0.3010 = 0.6990$$

よって，$9 \leqq 0.6990 \times x < 10$

$$\dfrac{9}{0.6990} \leqq x < \dfrac{10}{0.6990} \text{ より}　12.8\cdots \leqq x < 14.3\cdots$$

x は自然数だから　$x = 13,\ 14$

◀ *n* 桁の数 A は
$10^{n-1} \leqq A < 10^n$

考え方 A が *n* 桁の整数のとき ➡ $10^{n-1} \leqq A < 10^n$ と表すことが基本

例題

228
｜
230

例題 231 小数首位の問題　★★★

0.3^{15} を小数で表すと，小数第何位にはじめて 0 でない数が現れるか。ただし，$\log_{10}3=0.4771$ とする。

解 0.3^{15} の常用対数をとると

$$\log_{10}0.3^{15}=15\log_{10}\frac{3}{10}=15(\log_{10}3-\log_{10}10)$$

$$=15(0.4771-1)=-7.8435 \quad \text{より}$$

$$-8<\log_{10}0.3^{15}<-7$$

よって，$10^{-8}<0.3^{15}<10^{-7}$

ゆえに，0.3^{15} は**小数第 8 位**にはじめて 0 でない数が現れる。

具体例から類推できる。
$10^{-2}<n<10^{-1}$
$0.01<n<0.1$
と表せるから，n は小数第 2 位にはじめて 0 でない数が現れる。

考え方 小数 B が，小数第何位にはじめて 0 以外の数が現れるか　➡　$-n\leqq\log_{10}B<-(n-1)$ と表すと 小数第 n 位に 0 以外の数が現れる

例題 232 連続操作と対数　★★★

ある 1 枚のフィルムに光を通過させたとき，光の強さが最初のちょうど半分になった。光の強さが最初の $\dfrac{1}{10000}$ 以下になるのは，フィルムを何枚以上重ねたときか。ただし，$\log_{10}2=0.3010$ とする。

解 1 枚で強さが $\dfrac{1}{2}$ 倍になるから，n 枚重ねるとはじめの $\left(\dfrac{1}{2}\right)^n$ 倍になる。

よって，$\left(\dfrac{1}{2}\right)^n\leqq\dfrac{1}{10000}$ を成り立たせる n を求めればよい。

両辺の常用対数をとると

$$\log_{10}\left(\frac{1}{2}\right)^n\leqq\log_{10}\frac{1}{10000}$$

$$n\log_{10}\frac{1}{2}\leqq\log_{10}10^{-4} \quad \text{より} \quad -n\log_{10}2\leqq-4$$

ゆえに，$n\geqq\dfrac{4}{0.3010}=13.2\cdots$

したがって，**14 枚以上**。

➡ 1 枚で $\dfrac{1}{2}$ になるから，
n 枚では $\left(\dfrac{1}{2}\right)^n$ になる。
（注 $\dfrac{1}{2}n$ と誤らない。）

➡ ○ $\leqq$ ● のとき各辺の常用対数をとるとは，両辺に $\log_{10}$ をつけること。
$\log_{10}$ ○ $\leqq\log_{10}$ ●

考え方
・連続して操作を行う場合，1 回の操作で，どのぐらい変化するかを明らかにする。
・n 回の操作の変化は，それを n 乗すればよい。

連続操作と常用対数　➡　**1 回あたりの変化を明らかに n 回の操作の変化は n 乗する**

37 平均変化率・微分係数・導関数

例題 233 平均変化率　　　　　　　　　　　　　　　★

関数 $f(x)=x^2-3x$ について，次のように x の値が変化するときの平均変化率を求めよ。

(1)　$x=-1$ から $x=2$ まで　　　　(2)　$x=1$ から $x=1+h$ まで

解 (1)　$\dfrac{f(2)-f(-1)}{2-(-1)}=\dfrac{(2^2-3\cdot2)-\{(-1)^2-3\cdot(-1)\}}{3}$

$=\dfrac{-6}{3}=-2$

(2)　$\dfrac{f(1+h)-f(1)}{(1+h)-1}$

$=\dfrac{\{(1+h)^2-3(1+h)\}-(1^2-3\cdot1)}{h}$

$=\dfrac{h^2-h}{h}=h-1$

▼平均変化率◀

$x=a$ から $x=b$ までの $f(x)$ の平均変化率

$$\dfrac{f(b)-f(a)}{b-a}$$

平均変化率は 2 点 $(a,\ f(a))$ $(b,\ f(b))$ を結ぶ直線の傾きを表している。

例題 234 極限値　　　　　　　　　　　　　　　★

次の極限値を求めよ。

(1)　$\displaystyle\lim_{h\to0}(3h+4)$　　　　　　(2)　$\displaystyle\lim_{h\to0}\dfrac{(1+h)^2-1}{h}$

解 (1)　$\displaystyle\lim_{h\to0}(3h+4)=3\cdot0+4=4$

(2)　$\displaystyle\lim_{h\to0}\dfrac{(1+h)^2-1}{h}=\lim_{h\to0}\dfrac{2h+h^2}{h}$

$=\displaystyle\lim_{h\to0}(2+h)=2+0=2$

◀極限値は限りなくその値に近づくことを意味する。

考え方 極限値 $\displaystyle\lim_{x\to a}f(x)=\alpha$ ➡ 限りなく α に近づくということ

例題 235 微分係数　　　　　　　　　　　　　　　★★

関数 $f(x)=x^2-4$ について，$x=3$ における微分係数 $f'(3)$ を定義に従って求めよ。

解 $f'(3)=\displaystyle\lim_{h\to0}\dfrac{f(3+h)-f(3)}{h}$

$=\displaystyle\lim_{h\to0}\dfrac{\{(3+h)^2-4\}-(3^2-4)}{h}$

$=\displaystyle\lim_{h\to0}\dfrac{6h+h^2}{h}$

$=\displaystyle\lim_{h\to0}(6+h)=6$

▼微分係数 $f'(a)$◀

$x=a$ における $f(x)$ の微分係数 $f'(a)$

$$f'(a)=\lim_{h\to0}\dfrac{f(a+h)-f(a)}{h}\ \cdots(\bigstar)$$

または

$$f'(a)=\lim_{b\to a}\dfrac{f(b)-f(a)}{b-a}$$

考え方 微分係数 ➡ 「定義に従って」とある場合，式($\bigstar$)を使って求める

例題 236 導関数 ★★

関数 $f(x)=2x^2+x$ の導関数を定義に従って求めよ。

解
$$f'(x)=\lim_{h\to 0}\frac{f(x+h)-f(x)}{h}$$
$$=\lim_{h\to 0}\frac{\{2(x+h)^2+(x+h)\}-(2x^2+x)}{h}$$
$$=\lim_{h\to 0}\frac{4xh+h+2h^2}{h}$$
$$=\lim_{h\to 0}(4x+1+2h)$$
$$=4x+1$$

▶導関数の定義◀
$$f'(x)=\lim_{h\to 0}\frac{f(x+h)-f(x)}{h}$$

考え方 「導関数を定義に従って求めよ」とある場合

➡ 導関数の定義式 $f'(x)=\lim_{h\to 0}\dfrac{f(x+h)-f(x)}{h}$ により求める

例題 237 導関数の計算 ★

次の関数を微分せよ。

(1) $y=x^3+5x^2-4x+3$

(2) $y=(4x+1)(x-2)$

(3) $y=(x-3)(x+3)(x^2+9)$

解 (1) $y=x^3+5x^2-4x+3$

$\quad y'=(x^3)'+5(x^2)'-4(x)'+(3)'$ ⋯＊

$\quad =3x^2+5\cdot2x-4\cdot1+0$ ⋯＊

$\quad =3x^2+10x-4$

(2) $y=(4x+1)(x-2)$

$\quad =4x^2-7x-2$

$\quad y'=4(x^2)'-7(x)'-(2)'$ ⋯＊

$\quad =4\cdot2x-7\cdot1-0$ ⋯＊

$\quad =8x-7$

(3) $y=(x-3)(x+3)(x^2+9)=(x^2-9)(x^2+9)$

$\quad =x^4-81$

$\quad y'=(x^4)'-(81)'$ ⋯＊

$\quad =4x^3-0$ ⋯＊

$\quad =4x^3$

（＊の式は省略してよい。）

▶x^n の導関数◀
$(x^n)'=nx^{n-1}$ （n は自然数）
$(C)'=0$ （C は定数）

←展開してから微分する。

▶導関数の公式◀
$\{f(x)+g(x)\}'=f'(x)+g'(x)$
$\{kf(x)\}'=kf'(x)$

←展開してから微分する。

考え方 ・導関数 $f'(x)$ を求めることを関数 $f(x)$ を「微分する」という。
・"定義に従って微分せよ" という指示がないときは公式を使って微分する。

例題 238 導関数と微分係数 ★

関数 $f(x)=x^3-4x^2-5$ の $x=2$, -1 における微分係数を求めよ。

解 $f(x)$ を微分すると

$f'(x)=3x^2-8x$

$x=2$ における微分係数 $f'(2)$ は

$f'(2)=3\cdot2^2-8\cdot2=-4$ ←$f'(x)=3x^2-8x$ に $x=2$ を代入。

$x=-1$ における微分係数 $f'(-1)$ は

$f'(-1)=3\cdot(-1)^2-8\cdot(-1)=11$ ←$f'(x)=3x^2-8x$ に $x=-1$ を代入。

考え方 $x=a$ における微分係数 $f'(a)$ ➡ $f'(x)$ を求めて，$x=a$ を代入

例題 239 いろいろな変数についての微分 ★

次の関数を [ ] 内の変数について微分せよ。ただし，π は定数とする。

(1) $h=10+15t-5t^2$ [t]　　　(2) $V=\dfrac{1}{3}\pi r^2 h$ [r]

解 (1) h を t について微分すると

$\dfrac{dh}{dt}=0+15\cdot1-5\cdot2t=15-10t$ ←h は t の関数

(2) V を r について微分すると

$\dfrac{dV}{dr}=\dfrac{1}{3}\pi h(r^2)'=\dfrac{1}{3}\pi h\cdot 2r=\dfrac{2}{3}\pi rh$ ←V は r の関数

考え方 $s=f(t)$ の導関数 ➡ $\dfrac{ds}{dt}$ は s を t の関数とみて，t について微分したもの

例題 240 積 $f(x)g(x)$ と累乗 $(ax+b)^n$ の微分（数Ⅲ） ★★

次の関数を微分せよ。

(1) $y=(3x-1)(2x+1)$　　(2) $y=(x^2+2)(x-3)$　　(3) $y=(3x+2)^4$

解 (1) $y'=(3x-1)'(2x+1)+(3x-1)(2x+1)'$

$=3(2x+1)+(3x-1)\cdot2$

$=12x+1$

▼積の微分◢
$\{f(x)g(x)\}'$
$=f'(x)g(x)+f(x)g'(x)$

(2) $y'=(x^2+2)'(x-3)+(x^2+2)(x-3)'$

$=2x(x-3)+(x^2+2)$

$=3x^2-6x+2$

▼累乗の微分◢
$\{(ax+b)^n\}'$（n は自然数）
$=na(ax+b)^{n-1}$

(3) $y'=4\cdot3(3x+2)^3$

$=12(3x+2)^3$

考え方 $f(x)g(x)$, $(ax+b)^n$ の微分 ➡ 数Ⅱの範囲では一度展開してから微分

例題 241　等式を満たす関数(1)　★★

次の条件を満たす 2 次関数 $f(x)$ を求めよ。

$f(1)=7$,　$f'(3)=-1$,　$f'(-2)=9$

解　$f(x)=ax^2+bx+c$ $(a \neq 0)$ とおくと

$f'(x)=2ax+b$

$f(1)=7$ より　　$a+b+c=7$ …①

$f'(3)=-1$ より　$6a+b=-1$ …②

$f'(-2)=9$ より　$-4a+b=9$ …③

①，②，③ を解いて，

　$a=-1$,　$b=5$,　$c=3$ ($a \neq 0$ を満たす)

よって，$f(x)=-x^2+5x+3$

←一般に，2 次関数は
$y=ax^2+bx+c$ とおける。

←与えられた条件から，連立方
程式を導く。

考え方　条件を満たす 2 次関数　➡　$f(x)=ax^2+bx+c$ とおいて条件を式に

例題 242　等式を満たす関数(2)　★★★★

次の等式を満たす n 次関数 $f(x)$ を求めよ。

$2f(x)+6=(x-1)f'(x)$,　$f(2)=1$

解　$f(x)=ax^n+bx^{n-1}+\cdots$ $(a \neq 0)$ とおくと

与式の両辺について

$2f(x)+6$ の最高次の項は　$2ax^n$

$(x-1)f'(x)$ の最高次の項は　$x \cdot nax^{n-1}=nax^n$

これらが一致するから，$2ax^n=nax^n$

　$2a=na$　　$a \neq 0$ より　　$n=2$

よって，$f(x)$ は 2 次関数だから

$f(x)=ax^2+bx+c$ とおくと　$f'(x)=2ax+b$

与式に代入して

　$2(ax^2+bx+c)+6=(x-1)(2ax+b)$

　$2bx+2c+6=(-2a+b)x-b$

これがすべての x について成り立つから，両辺の
係数を比較して

　$2b=-2a+b$ …①，$2c+6=-b$ …②

$f(2)=1$ より　$f(2)=4a+2b+c=1$ …③

①，②，③を解いて

　$a=4$,　$b=-8$,　$c=1$ ($a \neq 0$ を満たす)

ゆえに，$f(x)=4x^2-8x+1$

←$2f(x)+6=2ax^n+\cdots$

←$f'(x)=nax^{n-1}+\cdots$

←両辺の最高次の項が一致。

←$f(x)$,　$f'(x)$ を①に代入。

←x についての恒等式。

考え方　等式を満たす n 次関数 $f(x)$ の
次数の決定　➡　$f(x)$ の最高次の項を ax^n $(a \neq 0)$
として，両辺の最高次の係数を比較

38 接線の方程式

例題 243 曲線上の点における接線と法線 ★★

曲線 $y=x^3-3$ 上の点 $(1, -2)$ における接線および法線の方程式を求めよ。

解 $y'=3x^2$ より

$x=1$ のとき $y'=3$　←微分係数が接線の傾きを表す。

点 $(1, -2)$ における**接線の方程式**は

$y-(-2)=3(x-1)$　　よって，$y=3x-5$

また，点 $(1, -2)$ における**法線の方程式**は

$y-(-2)=-\dfrac{1}{3}(x-1)$　←接線に垂直な直線が法線。

よって，$y=-\dfrac{1}{3}x-\dfrac{5}{3}$

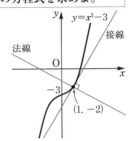

考え方 曲線 $y=f(x)$ 上の点 $(a, f(a))$ における接線と法線 ➡ 接線の方程式 $y-f(a)=f'(a)(x-a)$　法線の方程式 $y-f(a)=-\dfrac{1}{f'(a)}(x-a)$

例題 244 傾きが与えられた接線 ★★

放物線 $y=-x^2+3x+4$ の接線で，傾きが -3 であるものの方程式を求めよ。

解 $y'=-2x+3$

接線の傾きが -3 だから

$y'=-2x+3=-3$ とおくと　$x=3$　←微分係数が接線の傾きを表す。

このとき　$y=4$ より，接点は $(3, 4)$

よって，求める接線の方程式は

$y-4=-3(x-3)$　より　$y=-3x+13$

考え方 接線の傾き m が与えられたとき ➡ $f'(x)=m$ から接点の x 座標が求まる

例題 245 傾きが最小の接線 ★★

曲線 $y=x^3-3x^2+x$ の接線で，傾きが最小であるものの方程式を求めよ。

解 $y'=3x^2-6x+1=3(x-1)^2-2 \geqq -2$　←微分係数が接線の傾きを表す。平方完成して，最小値を求める。

これより，接線の傾きが最小となるのは，

$x=1$ のときで最小値 -2

また，$x=1$ のとき $y=-1$ より接点は $(1, -1)$

よって，求める接線の方程式は

$y+1=-2(x-1)$　より　$y=-2x+1$

考え方 傾きが最小の接線 ➡ y' の最小値とそのときの x の値から接点が求まる

曲線外の点から引いた接線 ★★★

点 $(1, -3)$ から放物線 $y=x^2-3x$ に引いた接線の方程式を求めよ。

解 $f(x)=x^2-3x$ とおくと $f'(x)=2x-3$

接点を (a, a^2-3a) とおくと

$f'(a)=2a-3$ より，接線の方程式は

$y-(a^2-3a)=(2a-3)(x-a)$

$y=(2a-3)x-a^2 \cdots$①

これが点 $(1, -3)$ を通るから

$-3=(2a-3)-a^2$

$a^2-2a=0$

$a(a-2)=0$

よって $a=0, 2$ ①に代入して

$a=0$ のとき $y=-3x$

$a=2$ のとき $y=x-4$

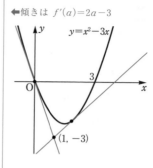

←傾きは $f'(a)=2a-3$

考え方 曲線外の点 (x_1, y_1) から引いた接線は ➡
・接点を $(a, f(a))$ とおく
・接線の方程式 $y-f(a)=f'(a)(x-a)$ を求める
・曲線外の点 (x_1, y_1) を代入して a を求める

例題 247 **接点が共通の共通接線** ★★★

曲線 $y=x^3+a$ と放物線 $y=-x^2+bx+c$ が点 $(1, 2)$ において共通の接線をもつとき，定数 a, b, c の値を求めよ。

解 $f(x)=x^3+a, g(x)=-x^2+bx+c$ とおくと

$f'(x)=3x^2, g'(x)=-2x+b$

曲線 $y=f(x)$ と放物線 $y=g(x)$ が

点 $(1, 2)$ において共通の接線をもつから

$f(1)=g(1)=2$ より

$f(1)=1+a=2$ $\cdots$①

$g(1)=-1+b+c=2$ $\cdots$②

また，$x=1$ における傾きは等しいから

$f'(1)=g'(1)$ より $3=-2+b$ $\cdots$③

①，②，③を解いて

$a=1, b=5, c=-2$

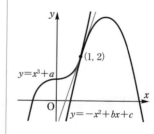

考え方 2曲線 $y=f(x)$ と $y=g(x)$ が $x=\alpha$ で共通接線をもつとき ➡ "接点" が等しいから，$f(\alpha)=g(\alpha)$ "傾き" が等しいから，$f'(\alpha)=g'(\alpha)$

2つの放物線 $y=x^2$，$y=-x^2+2x-1$ の共通接線の方程式を求めよ。

解 放物線 $y=x^2$ 上の接点を $(a,\ a^2)$ とおくと

$y=x^2$ より　$y'=2x$

接線の方程式は

$y-a^2=2a(x-a)$

$y=2ax-a^2$　　　　　…①

放物線 $y=-x^2+2x-1$ 上の接点を

$(b,\ -b^2+2b-1)$ とおくと

$y=-x^2+2x-1$ より　$y'=-2x+2$

接線の方程式は

$y-(-b^2+2b-1)=(-2b+2)(x-b)$

$y=(-2b+2)x+b^2-1$　　　　…②

①と②が一致するから

傾きについて　$2a=-2b+2$ …③

切片について　$-a^2=b^2-1$ …④

③より　$b=1-a$

これを④に代入して

$-a^2=(1-a)^2-1$

$a^2-a=0$ より　$a(a-1)=0$

よって　$a=0,\ 1$

①より，求める共通接線の方程式は

$y=0,\ y=2x-1$

別解 接線 $y=2ax-a^2$ …① と $y=-x^2+2x-1$ から

y を消去して整理すると

$x^2+2(a-1)x-a^2+1=0$

接するから

$\dfrac{D}{4}=(a-1)^2-(-a^2+1)$

$=2a^2-2a=2a(a-1)=0$

よって　$a=0,\ 1$

①より，$y=0,\ y=2x-1$

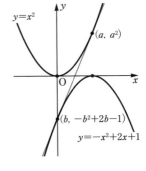

◀放物線どうしの共通接線では，判別式 $D=0$ が利用できる。

考え方

2曲線 $y=f(x)$ と $y=g(x)$ の共通接線（接点が異なる場合） ➡
・接点を $(a,\ f(a))$，$(b,\ g(b))$ と別々におく
・2つの接線を求め，傾きと切片が等しいとおいて一致させる

39　関数の増減と極値

例題 249 **関数の増減と極値** ★★

次の関数の増減を調べ，極値を求めよ。

(1) $y=x^3-6x^2+9x-2$ 　　　　(2) $y=-x^3+12x$

(3) $y=x^3+3x^2+3x-1$

解 (1) $y'=3x^2-12x+9=3(x-1)(x-3)$

$y'=0$ とすると　$x=1,\ 3$

よって，増減表は次のようになる。

x	$\cdots$	1	$\cdots$	3	$\cdots$
y'	$+$	0	$-$	0	$+$
y	↗	2	↘	-2	↗

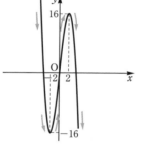

ゆえに，$x<1$, $3<x$ で増加し，$1<x<3$ で減少する。また，$x=1$ で極大値 2，$x=3$ で極小値 -2 をとる。

(2) $y'=-3x^2+12=-3(x+2)(x-2)$

$y'=0$ とすると　$x=\pm2$

よって，増減表は次のようになる。

x	$\cdots$	-2	$\cdots$	2	$\cdots$
y'	$-$	0	$+$	0	$-$
y	↘	-16	↗	16	↘

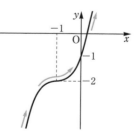

ゆえに，$-2<x<2$ で増加し，$x<-2$, $2<x$ で減少する。また，$x=2$ で**極大値 16**，$x=-2$ で**極小値 -16** をとる。

(3) $y'=3x^2+6x+3=3(x+1)^2$

$y'=0$ とすると　$x=-1$

よって，増減表は次のようになる。

x	$\cdots$	-1	$\cdots$
y'	$+$	0	$+$
y	↗	-2	↗

ゆえに，つねに増加し，**極値はない**。

考え方 極値（極大値と極小値）は次の手順で求める。

・$y'=0$ を解いて，その x の値の前後の y' の符号を調べる。

　$y'>0$ の範囲で増加，$y'<0$ の範囲で減少。

・増加から減少に変わるとき極大（値），減少から増加に変わるとき極小（値）

・極値をとる x の値では $y'=0$ となるが，$y'=0$ となる x の値で極値をとるとは限らない。

次の関数の極値を求め，そのグラフをかけ。

(1) $y = x^3 - 3x + 1$

(2) $y = -2x^3 + 3x^2 - 4$

(3) $y = -x^3 + 6x^2 - 12x + 5$

解 (1) $y' = 3x^2 - 3 = 3(x+1)(x-1)$

$y' = 0$ とすると $x = \pm 1$

よって，増減表は次のようになる。

x	$\cdots$	-1	$\cdots$	1	$\cdots$
y'	$+$	0	$-$	0	$+$
y	$\nearrow$	3	$\searrow$	-1	$\nearrow$

ゆえに，$x = -1$ のとき **極大値 3**

$x = 1$ のとき **極小値 -1**

グラフは右図のようになる。

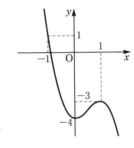

(2) $y' = -6x^2 + 6x = -6x(x-1)$

$y' = 0$ とすると $x = 0,\ 1$

よって，増減表は次のようになる。

x	$\cdots$	0	$\cdots$	1	$\cdots$
y'	$-$	0	$+$	0	$-$
y	$\searrow$	-4	$\nearrow$	-3	$\searrow$

ゆえに，$x = 1$ のとき **極大値 -3**

$x = 0$ のとき **極小値 -4**

グラフは右図のようになる。

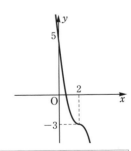

(3) $y' = -3x^2 + 12x - 12 = -3(x-2)^2$

$y' = 0$ とすると $x = 2$

よって，増減表は次のようになる。

x	$\cdots$	2	$\cdots$
y'	$-$	0	$-$
y	$\searrow$	-3	$\searrow$

ゆえに，**極値はない。**

グラフは右図のようになる。

考え方 関数のグラフは次の手順でかく。

・$y' = 0$ となる x の値を求め，y' の符号の変化を調べ増減表をかく。

・極値があれば，はじめにその点を座標にとる。

・増減表の増加，減少を見ながらグラフの概形をかく。

・$x = 0$ のときの y 座標をおさえておくとグラフの形がつかみやすい。

例題 251　3次不等式の解法 ★★

不等式 $x^3-7x+6>0$ を解け。

解 $f(x)=x^3-7x+6$ とおくと　$f(1)=1-7+6=0$

だから $f(x)$ は $x-1$ を因数にもつ。

$$f(x)=(x-1)(x^2+x-6)$$
$$=(x-1)(x-2)(x+3)$$

不等式 $(x-1)(x-2)(x+3)>0$ の解は,

$y=(x-1)(x-2)(x+3)$ のグラフの

$y>0$ となる x の値の範囲だから

$$-3<x<1,\ 2<x$$

◀因数定理を用いて因数分解する。

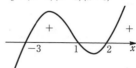

$y=(x-1)(x-2)(x+3)$

考え方 3次不等式の解はグラフを利用して

$$(x-\alpha)(x-\beta)(x-\gamma)>0 \iff \alpha<x<\beta,\ \gamma<x$$
$$(x-\alpha)(x-\beta)(x-\gamma)<0 \iff x<\alpha,\ \beta<x<\gamma$$

例題 252　4次関数のグラフ ★★

次の関数の極値を求めよ。また，そのグラフをかけ。

(1) $y=x^4-2x^2-3$　　　　　　(2) $y=3x^4-4x^3$

解 (1) $y'=4x^3-4x=4x(x+1)(x-1)$

$y'=0$ とすると　$x=0,\ \pm1$

よって，増減表は次のようになる。

x	$\cdots$	-1	$\cdots$	0	$\cdots$	1	$\cdots$
y'	$-$	0	$+$	0	$-$	0	$+$
y	$\searrow$	-4	$\nearrow$	-3	$\searrow$	-4	$\nearrow$

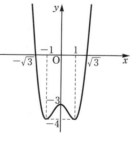

ゆえに，$x=0$ のとき　極大値 -3

　　　　$x=\pm1$ のとき　極小値 -4

グラフは右図のようになる。

(2) $y'=12x^3-12x^2=12x^2(x-1)$

$y'=0$ とすると，$x=0,\ 1$

よって，増減表は次のようになる。

x	$\cdots$	0	$\cdots$	1	$\cdots$
y'	$-$	0	$-$	0	$+$
y	$\searrow$	0	$\searrow$	-1	$\nearrow$

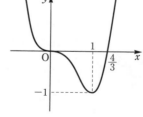

ゆえに，$x=1$ のとき　極小値 -1　極大値はない。

グラフは右図のようになる。

考え方 4次関数のグラフのかき方　➡　3次関数の場合と同様の手順で

5章　微分法と積分法

130

例題 253 極値と関数の決定 ★★★

関数 $f(x)=x^3+ax^2+bx+c$ が $x=-1$ で極大値 12 をとり，$x=3$ で極小値をとるように，定数 a，b，c の値を定めよ。また，極小値を求めよ。

解 $f(x)=x^3+ax^2+bx+c$ より

$\quad f'(x)=3x^2+2ax+b$

$x=-1$ で極大値 12 をとるから

$f'(-1)=3-2a+b=0$ より　$2a-b=3$ 　　…①

$f(-1)=-1+a-b+c=12$ より　$a-b+c=13$
　　　　　　　　　　　　　　　　　　…②

$x=3$ で極小値をとるから

$f'(3)=27+6a+b=0$ より　$6a+b=-27$ 　…③

①，②，③を解いて

$\quad a=-3$，$b=-9$，$c=7$

逆に，このとき　$f(x)=x^3-3x^2-9x+7$

$\quad f'(x)=3x^2-6x-9=3(x+1)(x-3)$

増減表は次のようになり，条件を満たす。

x	$\cdots$	-1	$\cdots$	3	$\cdots$
$f'(x)$	$+$	0	$-$	0	$+$
$f(x)$	↗	12	↘	-20	↗

よって，$a=-3$，$b=-9$，$c=7$

$\qquad x=3$ のとき極小値 -20

◀ $f(x)$ が $x=\alpha$ で極値をとるとき，$f'(\alpha)=0$
（必要条件）

◀①＋③より
$8a=-24$ ゆえに　$a=-3$
このとき，$b=-9$
②に代入して　$c=7$

◀増減表をかいて，条件を満たすか確認する。
（十分条件）

考え方 $f(x)$ が $x=\alpha$ で極値をとるなら　➡　$f'(\alpha)=0$
（これは必要条件であり，$f'(\alpha)=0$ であっても $f(x)$ が $x=\alpha$ で極値をとるとは限らない）

例題 254 3次関数が極値をもつ条件 ★★★

3次関数 $f(x)=ax^3-3x^2+ax-5$ が極値をもつような定数 a の値の範囲を求めよ。

解 3次関数 $f(x)$ が極値をもつための条件は

$\quad f'(x)=3ax^2-6x+a=0$

が異なる 2 つの実数解をもてばよいから

$3ax^2-6x+a=0$ の判別式 $D>0$

$\dfrac{D}{4}=9-3a^2=-3(a+\sqrt{3})(a-\sqrt{3})>0$ より

$\quad -\sqrt{3}<a<\sqrt{3}$

$a\neq0$ だから　$-\sqrt{3}<a<0$，$0<a<\sqrt{3}$

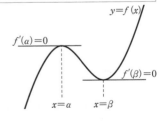

考え方 3次関数 $f(x)$ が極値をもつ条件　➡　$f'(x)=0$ が異なる 2 つの実数解をもつ

例題 255 　つねに増加するための条件　★★

関数 $f(x)=x^3+ax^2+3x-1$ がつねに増加するように，定数 a の値の範囲を定めよ。

解 $f(x)$ がつねに増加するための条件は

$$f'(x)=3x^2+2ax+3\geqq 0$$

がつねに成り立つことである。

x^2 の係数が正だから

$3x^2+2ax+3=0$ の判別式 $D\leqq 0$ ならばよい。

$$\frac{D}{4}=a^2-9=(a+3)(a-3)\leqq 0$$

よって，$-3\leqq a\leqq 3$

←$f(x)$ が増加 $\iff f'(x)\geqq 0$
　$f(x)$ が減少 $\iff f'(x)\leqq 0$

←つねに $ax^2+bx+c\geqq 0$
　$(a\neq 0)$ となる条件は
　$a>0$ かつ $D\leqq 0$

考え方 3次関数 $f(x)$ がつねに増加する条件 ➡ $f'(x)=ax^2+bx+c$ ならば $a>0$ かつ $D=b^2-4ac\leqq 0$

例題 256 　増減表と極値　★★★

関数 $f(x)=x^3-3(a+1)x^2+12ax$ の極小値が 0 であるとき，定数 a の値を求めよ。ただし，$a\neq 1$ とする。

解 $f'(x)=3x^2-6(a+1)x+12a=3(x-2a)(x-2)$

$f'(x)=0$ とすると　$x=2a,\ 2$

←$2a$ と 2 のどちらが大きいか確認する。

(i) $2a>2$ すなわち $a>1$ のとき，増減表は右のようになる。

よって，$x=2a$ のとき極小となる。

極小値 $f(2a)=-4a^3+12a^2=0$ より

$a^2(a-3)=0$

$a>1$ より　$a=3$

x	$\cdots$	2	$\cdots$	$2a$	$\cdots$
$f'(x)$		$+$	0	$-$	0	$+$
$f(x)$		$\nearrow$	極大	$\searrow$	極小	$\nearrow$

(ii) $2a<2$ すなわち $a<1$ のとき，増減表は右のようになる。

よって，$x=2$ のとき極小となる。

極小値 $f(2)=8-12(a+1)+24a$

$$=12a-4=0\ \text{より}\quad a=\frac{1}{3}\ (a<1\ \text{を満たす})$$

x	$\cdots$	$2a$	$\cdots$	2	$\cdots$
$f'(x)$		$+$	0	$-$	0	$+$
$f(x)$		$\nearrow$	極大	$\searrow$	極小	$\nearrow$

よって，(i)，(ii)より，$a=3,\ \dfrac{1}{3}$

考え方 3次関数 $f(x)$ の増減表をかくとき，次の点に注意

a が正か負か

➡ $f'(x)=a(x-\alpha)(x-\beta)$

$\alpha<\beta,\ \alpha=\beta,\ \alpha>\beta$ で場合分けが必要なこともある

40 関数の最大・最小

最大・最小 ★★

関数 $f(x)=-x^3+3x+6$ $(-2\leqq x\leqq 3)$ の最大値，最小値を求めよ。

解 $f'(x)=-3x^2+3=-3(x+1)(x-1)$

$f'(x)=0$ とすると $x=\pm1$

よって，$-2\leqq x\leqq 3$ における増減表は次のようになる。

x	-2	$\cdots$	-1	$\cdots$	1	$\cdots$	3
$f'(x)$		$-$	0	$+$	0	$-$	
$f(x)$	8	$\searrow$	4	$\nearrow$	8	$\searrow$	-12

ゆえに，$x=-2$，1 のとき　最大値 8

$\qquad\quad x=3$ 　　　　のとき　最小値 -12

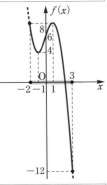

> **考え方** 関数の最大値・最小値 ➡ 定義域に注意して，増減表をかく 極値と定義域の両端の値を比較

例題 258 **文字係数の関数の最大・最小(1)** ★★★

関数 $f(x)=ax^3-3ax^2+b$ $(a>0)$ の区間 $-2\leqq x\leqq 3$ における最大値が 9，
最小値が -11 のとき，定数 a，b の値を求めよ。

解 $f'(x)=3ax^2-6ax=3ax(x-2)$

$f'(x)=0$ とすると $x=0$，2

$a>0$ だから，$-2\leqq x\leqq 3$ における増減表は次のようになる。

◀x^2 の係数 $3a$ が正であることに注意して，増減表をかく。

x	-2	$\cdots$	0	$\cdots$	2	$\cdots$	3
$f'(x)$		$+$	0	$-$	0	$+$	
$f(x)$	$-20a+b$	$\nearrow$	b	$\searrow$	$-4a+b$	$\nearrow$	b

増減表より，最大値は b

$a>0$ より　$-20a+b<-4a+b$ だから

最小値は　$-20a+b$

◀$f(-2)$ と $f(2)$ のどちらが小さいかを調べる。

よって，$b=9$，$-20a+b=-11$

ゆえに，$a=1$，$b=9$ （$a>0$ を満たす）

> **考え方** 最大値・最小値の決定 ➡ まず，増減表をかく 極値，定義域の両端の値は 最大値・最小値の候補

文字係数の関数の最大・最小(2)　　★★★★

$a>0$ のとき，関数 $f(x)=x^3-3a^2x$ $(0\leqq x\leqq1)$ の最小値を求めよ。

解 $f'(x)=3x^2-3a^2=3(x+a)(x-a)$

$f'(x)=0$ とすると　$x=\pm a$

$a>0$ だから，$x\geqq0$ における増減表は次のようになる。

x	0	$\cdots$	a	$\cdots$
$f'(x)$		$-$	0	$+$
$f(x)$	0	$\searrow$	$-2a^3$	$\nearrow$

極小値をとる x の値 $x=a$ が $0\leqq x\leqq1$ に含まれるか，含まれないかで場合分けする。

(ⅰ)　**$0<a\leqq1$ のとき**

　　$x=a$ のとき　最小値 $-2a^3$

(ⅱ)　**$a>1$ のとき**

　　$x=1$ のとき　最小値 $1-3a^2$

(ⅰ)　$0<a\leqq1$ のとき

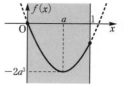

(ⅱ)　$a>1$ のとき

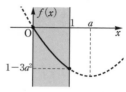

考え方　グラフが動く場合の最大，最小　➡　極値をとる x の値が定義域に含まれるか，含まれないかで場合分けを考える

定義域が変化する場合の最大・最小　　★★★★

$a>-1$ のとき，関数 $f(x)=x^2(3-x)$ $(-1\leqq x\leqq a)$ の最小値を求めよ。

解 $f'(x)=6x-3x^2=-3x(x-2)$

$x\geqq-1$ における増減表とグラフは次のようになる。

x	-1	$\cdots$	0	$\cdots$	2	$\cdots$
$f'(x)$		$-$	0	$+$	0	$-$
$f(x)$	4	$\searrow$	0	$\nearrow$	4	$\searrow$

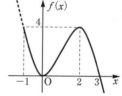

極小値 0 と $f(a)$ を比較して，$a=0$，3 を境目に場合分けする。

(ⅰ)　**$-1<a<0$ のとき**　　(ⅱ)　**$0\leqq a<3$ のとき**　　(ⅲ)　**$a\geqq3$ のとき**

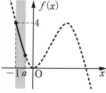　　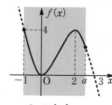　　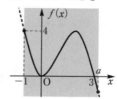

$x=a$ のとき

最小値 $3a^2-a^3$

$x=0$ のとき

最小値 0

$x=a$ のとき

最小値 $3a^2-a^3$ $\left(\begin{array}{l}a=3\text{ のとき，}x=0\\ \text{でも最小値をとる}\end{array}\right)$

考え方　定義域が変化する場合の最大，最小　➡　極値と定義域の両端の値を比較して場合分け

例題 261 条件つき2変数の最大・最小　　★★★

$x^2+y^2=9$ のとき，xy^2 の最大値，最小値を求めよ。

解 $x^2+y^2=9$ より　$y^2=9-x^2$ だから

$xy^2=x(9-x^2)=9x-x^3$

$f(x)=9x-x^3$ とおくと

$f'(x)=9-3x^2=-3(x+\sqrt{3})(x-\sqrt{3})$

ここで，$y^2=9-x^2\geqq 0$ より　$-3\leqq x\leqq 3$　←x の定義域

$f'(x)=0$ とすると　$x=\pm\sqrt{3}$

$-3\leqq x\leqq 3$ における増減表をかくと

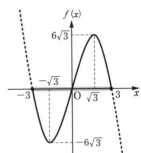

x	-3	$\cdots$	$-\sqrt{3}$	$\cdots$	$\sqrt{3}$	$\cdots$	3
$f'(x)$		$-$	0	$+$	0	$-$	
$f(x)$	0	$\searrow$	$-6\sqrt{3}$	$\nearrow$	$6\sqrt{3}$	$\searrow$	0

よって，$x=\sqrt{3}$，$y=\pm\sqrt{6}$ のとき　　最大値 $6\sqrt{3}$

$\qquad\quad x=-\sqrt{3}$，$y=\pm\sqrt{6}$ のとき　最小値 $-6\sqrt{3}$

考え方 条件式つき2変数の　➡　・条件式より変数を1つ消去して1変数の関数に
最大，最小の求め方　　　　　・変数のとりうる値の範囲（定義域）に注意する

例題 262 図形に関する最大・最小　　★★★

半径3の球に内接する直円柱の体積 V の最大値を求めよ。また，そのときの直
円柱の高さを求めよ。

解 右図のように，直円柱の高さを $2x$（$0<x<3$）とすると

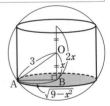

$\mathrm{OB}=x$

$\mathrm{AB}=\sqrt{\mathrm{OA}^2-\mathrm{OB}^2}=\sqrt{9-x^2}$

だから

$V=\pi(\sqrt{9-x^2})^2\cdot 2x=-2\pi(x^3-9x)$

$V'=-2\pi(3x^2-9)=-6\pi(x+\sqrt{3})(x-\sqrt{3})$

$0<x<3$ で $V'=0$ となるのは $x=\sqrt{3}$ のときだから

増減表は次のようになる。

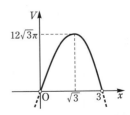

x	0	$\cdots$	$\sqrt{3}$	$\cdots$	3
V'		$+$	0	$-$	
V	(0)	$\nearrow$	$12\sqrt{3}\,\pi$	$\searrow$	(0)

よって，**体積 V の最大値は $12\sqrt{3}\,\pi$**

このとき，**直円柱の高さは $2\sqrt{3}$**

考え方 図形に関する最大・最小　➡　何を変数とするかによって決まる

関数 $y=\sin^3 x+\cos^3 x$ $(0\leqq x\leqq\pi)$ について，次の問いに答えよ。

(1)　$\sin x+\cos x=t$ とおいて，y を t の関数として表せ。

(2)　t のとりうる値の範囲を求めよ。

(3)　y の最大値と，そのときの x の値を求めよ。

解

(1)　$y=\sin^3 x+\cos^3 x$

　　　$=(\sin x+\cos x)^3-3\sin x\cos x(\sin x+\cos x)$

　　ここで，$\sin x+\cos x=t$ の両辺を 2 乗して

　　　　$(\sin x+\cos x)^2=t^2$

　　$1+2\sin x\cos x=t^2$ より　$\sin x\cos x=\dfrac{t^2-1}{2}$

　　よって，$y=t^3-3\cdot\dfrac{t^2-1}{2}\cdot t=-\dfrac{1}{2}t^3+\dfrac{3}{2}t$

$\leftarrow$ a^3+b^3
$=(a+b)^3-3ab(a+b)$

$\leftarrow$ $(\sin x+\cos x)^2$
$=\underbrace{\sin^2 x+2\sin x\cos x+\cos^2 x}$
　　$\underbrace{\sin^2 x+\cos^2 x=1}$

(2)　$t=\sin x+\cos x=\sqrt{2}\sin\left(x+\dfrac{\pi}{4}\right)$

　　$0\leqq x\leqq\pi$ より　$\dfrac{\pi}{4}\leqq x+\dfrac{\pi}{4}\leqq\dfrac{5}{4}\pi$

　　よって，$-1\leqq t\leqq\sqrt{2}$

$\leftarrow$三角関数の合成

$\leftarrow\dfrac{\pi}{4}\leqq x+\dfrac{\pi}{4}\leqq\dfrac{5}{4}\pi$ のとき
$-\dfrac{\sqrt{2}}{2}\leqq\sin\left(x+\dfrac{\pi}{4}\right)\leqq 1$
この各辺に $\sqrt{2}$ を掛けて
t をつくる。

(3)　$y'=-\dfrac{3}{2}t^2+\dfrac{3}{2}=-\dfrac{3}{2}(t+1)(t-1)$

　　$y'=0$ とすると $t=\pm 1$

　　$-1\leqq t\leqq\sqrt{2}$ における増減表は次のようになる。

t	-1	$\cdots$	1	$\cdots$	$\sqrt{2}$
y'	0	$+$	0	$-$	
y	-1	$\nearrow$	1	$\searrow$	$\dfrac{\sqrt{2}}{2}$

　　最大値は $t=1$ のとき 1 であり，このときの x

　　の値は $\sqrt{2}\sin\left(x+\dfrac{\pi}{4}\right)=1$ から

　　　　$\sin\left(x+\dfrac{\pi}{4}\right)=\dfrac{1}{\sqrt{2}}$　$(0\leqq x\leqq\pi)$

　　よって，$x+\dfrac{\pi}{4}=\dfrac{\pi}{4}$, $\dfrac{3}{4}\pi$ より　$x=0$, $\dfrac{\pi}{2}$

　　ゆえに，最大値は $x=0$, $\dfrac{\pi}{2}$ のとき 1

$\leftarrow$ $t=1$ のとき
$y=-\dfrac{1}{2}+\dfrac{3}{2}=1$
$t=\sqrt{2}$ のとき
$y=-\sqrt{2}+\dfrac{3}{2}\sqrt{2}=\dfrac{\sqrt{2}}{2}$

$\leftarrow$

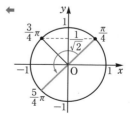

考え方　関数を t と置きかえたとき　➡　t のとりうる値の範囲に注意

$t=\sin x+\cos x=\sqrt{2}\sin\left(x+\dfrac{\pi}{4}\right)$（三角関数の合成）例題 179

$t=2^x+2^{-x}\geqq 2\sqrt{2^x\cdot 2^{-x}}=2$　　　（相加平均，相乗平均の関係）例題 206

5章 微分法と積分法

方程式 $2x^3-6x+1=0$ の異なる実数解の個数，および，その実数解の正負を調べよ。

解 $f(x)=2x^3-6x+1$ …① とおく。

$f'(x)=6x^2-6=6(x+1)(x-1)$

$f'(x)=0$ とすると $x=\pm1$

増減表は次のようになる。

x	$\cdots$	-1	$\cdots$	1	$\cdots$
$f'(x)$	$+$	0	$-$	0	$+$
$f(x)$	$\nearrow$	5	$\searrow$	-3	$\nearrow$

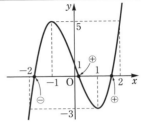

①のグラフは右図のようになり，x 軸との共有点は

$x>0$ で 2 個，$x<0$ で 1 個である。

← $-2<x<0$，$0<x<1$
$1<x<2$ の範囲に 1 個ずつ存在する。

よって，異なる実数解は 3 個で，2 個が正，1 個が負

> **考え方** 方程式 $f(x)=0$ の実数解 ➡ $y=f(x)$ のグラフと x 軸との共有点の x 座標

a を定数とするとき，方程式 $x^3-3x^2+1-a=0$ の実数解の個数を a の値により分類せよ。

解 方程式を $x^3-3x^2+1=a$ と変形し，$f(x)=x^3-3x^2+1$

とおくと，方程式の実数解の個数は $y=f(x)$ のグラフと

直線 $y=a$ との共有点の個数に等しい。

$f'(x)=3x^2-6x=3x(x-2)$

$f'(x)=0$ とすると $x=0,\ 2$

増減表とグラフは次のようになる。

x	$\cdots$	0	$\cdots$	2	$\cdots$
$f'(x)$	$+$	0	$-$	0	$+$
$f(x)$	$\nearrow$	1	$\searrow$	-3	$\nearrow$

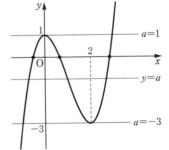

右のグラフより，異なる実数解の個数は

$a<-3,\ 1<a$ のとき　1 個

$a=-3,\ 1$ のとき　　2 個

$-3<a<1$ のとき　　3 個

> **考え方** 方程式 $f(x)-a=0$ の実数解の個数は ➡ $f(x)=a$ と変形 ➡ $y=f(x)$ のグラフと直線 $y=a$ との共有点の個数を調べる

3次方程式 $x^3-3x+2-a=0$ が異なる実数解 α, β, γ $(\alpha<\beta<\gamma)$ をもつとき, α, β, γ のとりうる値の範囲を求めよ。

解 方程式を $x^3-3x+2=a$ と変形し

$f(x)=x^3-3x+2$ とおく。

$y=f(x)$ のグラフと直線 $y=a$ の共有点で考える。

$$f'(x)=3x^2-3$$
$$=3(x+1)(x-1)$$

$f'(x)=0$ とすると $x=\pm1$

増減表とグラフは次のようになる。

x	$\cdots$	-1	$\cdots$	1	$\cdots$
$f'(x)$	$+$	0	$-$	0	$+$
$f(x)$	$\nearrow$	4	$\searrow$	0	$\nearrow$

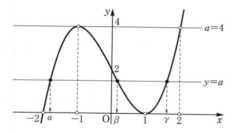

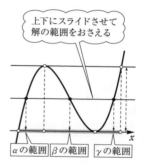

上下にスライドさせて
解の範囲をおさえる

α の範囲 β の範囲 γ の範囲

$y=f(x)$ と $y=a$ の共有点は

$a=4$ のとき, $x^3-3x+2=4$ を解いて

$(x+1)^2(x-2)=0$ より $x=-1, 2$

$a=0$ のとき, $x^3-3x+2=0$ を解いて

$(x-1)^2(x+2)=0$ より $x=1, -2$

上のグラフより, 異なる3つの実数解 α, β, γ をも

つのは $0<a<4$ のときで, そのとき, α, β, γ の

とりうる値の範囲は, 次のようになる。

$-2<\alpha<-1, \quad -1<\beta<1, \quad 1<\gamma<2$

←$x=-1$ で接しているから
$(x+1)^2(\quad)=0$

←$x=1$ で接しているから
$(x-1)^2(\quad)=0$

考え方
・方程式 $f(x)=a$ の実数解をグラフで考える場合, 共有点の個数で解の個数がわかる。

・また, 共有点に対応する x 座標を見れば解の符号や解のとりうる値の範囲がわかる。

方程式 $f(x)=a$ の実数解の符号やとりうる値の範囲 ➡ $y=f(x)$ のグラフと直線 $y=a$ との共有点に対応する x 座標を見る!

点 $A(1,\ k)$ から曲線 $y=x^3-3x$ に接線を引くとき，次の問いに答えよ。

(1) $k=-1$ のとき，接線は何本引けるか。

(2) 3本の接線が引けるとき，定数 k の値の範囲を求めよ。

解 接点を $(t,\ t^3-3t)$ とおくと $y'=3x^2-3$ より，

接線の方程式は

$$y-(t^3-3t)=(3t^2-3)(x-t)$$

$$y=(3t^2-3)x-2t^3 \cdots ①$$

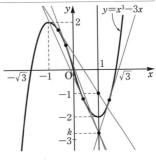

(1) ①が点 $A(1,\ -1)$ を通るとき

$$-1=(3t^2-3)\cdot1-2t^3 \quad より$$

$$2t^3-3t^2+2=0 \quad \cdots②$$

点 $A(1,\ -1)$ から曲線に引ける接線の本数は，

方程式②の異なる実数解の個数と一致する。

ここで，$y=2t^3-3t^2+2$ としてグラフをかく。

$y'=6t^2-6t=6t(t-1)$ より，増減表は

t	$\cdots$	0	$\cdots$	1	$\cdots$
y'	$+$	0	$-$	0	$+$
y	↗	2	↘	1	↗

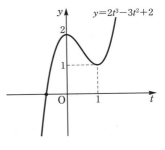

右のグラフより，②の実数解は1個だから，求め

る接線の本数は**1本**。

(2) ①が点 $A(1,\ k)$ を通るとき

$$k=(3t^2-3)\cdot1-2t^3 \quad より \quad -2t^3+3t^2-3=k \cdots③$$

点 A から曲線に3本の接線が引けるのは，方程

式③が異なる3つの実数解をもつときである。

←③を満たす実数 t の値の数だけ接点が存在し，その数だけ接線が引ける。

よって，$y=-2t^3+3t^2-3$ のグラフと

直線 $y=k$ が3個の共有点をもてばよい。

$y'=-6t^2+6t=-6t(t-1)$ より，増減表は

t	$\cdots$	0	$\cdots$	1	$\cdots$
y'	$-$	0	$+$	0	$-$
y	↘	-3	↗	-2	↘

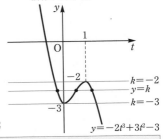

右のグラフより，k の値の範囲は　**$-3<k<-2$**

考え方 ・3次関数のグラフでは，接点が異なると
接線も異なるから，接点の数だけ接線が
引ける。

・接点の個数は，接点を $(t,\ f(t))$ において
t についての方程式の実数解で考える。

3次関数のグラフの接線の本数 ➡ 接点の個数と一致

3次方程式 $x^3-3ax+2=0$ が異なる3つの実数解をもつとき，定数 a の値の範囲を求めよ。

解 $f(x)=x^3-3ax+2$ とおく。

3次方程式 $f(x)=0$ が異なる3つの実数解をもつための条件は $f(x)$ が極値をもち，(極大値)×(極小値)<0 であればよい。

$f'(x)=3x^2-3a$ より

$a\leqq0$ のとき　$f(x)$ は極値をもたない。

$a>0$ のとき　$f'(x)=3(x+\sqrt{a})(x-\sqrt{a})$

増減表より，

極大値　$f(-\sqrt{a})=2+2a\sqrt{a}$

極小値　$f(\sqrt{a})=2-2a\sqrt{a}$

よって，

$(2+2a\sqrt{a})(2-2a\sqrt{a})=4(1-a^3)<0$

$a^3-1>0$　より　$(a-1)(a^2+a+1)>0$

$(a-1)\left\{\left(a+\dfrac{1}{2}\right)^2+\dfrac{3}{4}\right\}>0$

ゆえに，$a>1$ （$a>0$ を満たす）

←例題266のように $f(x)=a$ と変形できないときは，極値を利用して解く。

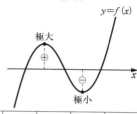

x	$\cdots$	$-\sqrt{a}$	$\cdots$	$\sqrt{a}$	$\cdots$
$f'(x)$	$+$	0	$-$	0	$+$
$f(x)$	↗	極大	↘	極小	↗

←(極大値)×(極小値)<0

←a^2+a+1 はそのままにせず $\left(a+\dfrac{1}{2}\right)^2+\dfrac{3}{4}>0$ の形にする。

考え方　3次関数のグラフ　➡　(極大値)×(極小値)<0 ならば x 軸と3点で交わる

$x\geqq0$ のとき，不等式 $x^3+16\geqq12x$ が成り立つことを証明せよ。

解 $f(x)=(x^3+16)-12x=x^3-12x+16$ とおく。

$f'(x)=3x^2-12$
　　　$=3(x+2)(x-2)$

$x\geqq0$ における増減表は次のようになる。

x	0	$\cdots$	2	$\cdots$
$f'(x)$		$-$	0	$+$
$f(x)$	16	↘	0	↗

増減表より，$f(x)$ は $x=2$ で最小値 0 をとる。

よって，$x\geqq0$ のとき　$f(x)\geqq0$

ゆえに，$x^3+16\geqq12x$ （終）

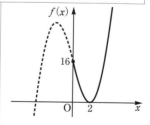

←$f(x)\geqq$（最小値）

←等号は $x=2$ のとき。

考え方　不等式　$P(x)\geqq Q(x)$ の証明　➡　$f(x)=P(x)-Q(x)$ とおく　$f'(x)$ を利用して，$f(x)$ の（最小値）$\geqq0$ を示す

例題 270 不等式の成立条件　★★★★

$x \geqq 0$ のとき，不等式 $x^3 - 3px^2 + 32 \geqq 0$ が成り立つような正の定数 p の値の範囲を求めよ。

解 $f(x) = x^3 - 3px^2 + 32$ とおく。

$f'(x) = 3x^2 - 6px = 3x(x - 2p)$

$f'(x) = 0$ とすると　$x = 0,\ 2p$

$p > 0$ だから，$x \geqq 0$ における増減表は次のようになる。

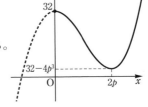

x	0	$\cdots$	$2p$	$\cdots$
$f'(x)$		$-$	0	$+$
$f(x)$	32	$\searrow$	$32 - 4p^3$	$\nearrow$

増減表より，$f(x)$ は $x = 2p$ で最小値 $32 - 4p^3$ をとる。

$32 - 4p^3 \geqq 0$ であればよいから　$p^3 \leqq 8$

$p^3 - 8 = (p - 2)(p^2 + 2p + 4) \leqq 0$　　　　◀ $p^2 + 2p + 4$ はそのままにせず，
$(p + 1)^2 + 3 > 0$ の形にする。

$(p - 2)\{(p + 1)^2 + 3\} \leqq 0$

よって，$p \leqq 2$　より，$0 < p \leqq 2$　　　　◀ $p > 0$ である。

考え方 不等式 $f(x) \geqq 0$ が成り立つ条件　➡　$f(x)$ の（最小値）$\geqq 0$ を考える

例題 271 $x^3 + y^3 + z^3 \geqq 3xyz$ の証明　★★★★

$x > 0,\ y > 0,\ z > 0$ のとき，不等式 $x^3 + y^3 + z^3 \geqq 3xyz$ が成り立つことを証明せよ。また，等号が成り立つのはどのようなときか。

解 $f(x) = x^3 + y^3 + z^3 - 3xyz$ とおく。　　◀ $y,\ z$ を定数とみて，x の関数と考える。

$f'(x) = 3x^2 - 3yz$

$y > 0,\ z > 0$ より $yz > 0$ だから

$f'(x) = 3(x + \sqrt{yz})(x - \sqrt{yz})$

$x > 0$ における増減表は次のようになる。

別解 $x^3 + y^3 + z^3 - 3xyz$
$= (x + y + z)(x^2 + y^2 + z^2$
$\qquad - xy - yz - zx)$
$= \dfrac{1}{2}(x + y + z)\{(x - y)^2$
$\qquad + (y - z)^2 + (z - x)^2\} \geqq 0$
からも証明することができる。

x	0	$\cdots$	$\sqrt{yz}$	$\cdots$
$f'(x)$		$-$	0	$+$
$f(x)$		$\searrow$	極小	$\nearrow$

増減表より，$f(x)$ の最小値は

$f(\sqrt{yz}) = y^3 - 2yz\sqrt{yz} + z^3 = (y\sqrt{y} - z\sqrt{z})^2 \geqq 0$

よって，$x > 0$ のとき　$f(x) \geqq 0$

ゆえに，$x^3 + y^3 + z^3 \geqq 3xyz$

また，等号が成り立つのは，$x = \sqrt{yz}$　かつ

$y\sqrt{y} = z\sqrt{z}$　より　$x = y = z$ のときである。（終）

◀ $y^3 - 2yz\sqrt{yz} + z^3$
$= (y\sqrt{y})^2 - 2y\sqrt{y} \cdot z\sqrt{z}$
$\qquad + (z\sqrt{z})^2$
$= (y\sqrt{y} - z\sqrt{z})^2$

考え方 文字が 2 つ以上ある場合の不等式　➡　1 つの文字の関数とみる

42 不定積分

例題 272 不定積分(1) ★

次の不定積分を求めよ。

(1) $\displaystyle\int 5x^2\,dx$　　(2) $\displaystyle\int(4x^2-3x+1)\,dx$　　(3) $\displaystyle\int(-3t^2+4t-6)\,dt$

解 C は積分定数とする（今後，とくに断らない限り C は積分定数を表す）。

(1) $\displaystyle\int 5x^2\,dx=5\cdot\frac{1}{3}x^3+C$

$\qquad =\dfrac{5}{3}x^3+C$

▸ x^n の不定積分 ◂

$$\int x^n\,dx=\frac{1}{n+1}x^{n+1}+C$$
（n は 0 以上の整数）

(2) $\displaystyle\int(4x^2-3x+1)\,dx$

$=4\cdot\dfrac{1}{3}x^3-3\cdot\dfrac{1}{2}x^2+x+C$

$=\dfrac{4}{3}x^3-\dfrac{3}{2}x^2+x+C$

▸ 不定積分の性質 ◂

$$\int kf(x)\,dx=k\int f(x)\,dx$$
（k は定数）

$$\int\{f(x)+g(x)\}\,dx$$
$$=\int f(x)\,dx+\int g(x)\,dx$$

$$\int\{f(x)-g(x)\}\,dx$$
$$=\int f(x)\,dx-\int g(x)\,dx$$

(3) $\displaystyle\int(-3t^2+4t-6)\,dt$

$=-3\cdot\dfrac{1}{3}t^3+4\cdot\dfrac{1}{2}t^2-6t+C$

$=-t^3+2t^2-6t+C$

考え方 $\displaystyle\int f(x)\,dx=F(x)+C$ のとき ➡ $F(x)$ を $f(x)$ の不定積分という

例題 273 不定積分(2) ★

次の不定積分を求めよ。

(1) $\displaystyle\int(2x-1)(x+3)\,dx$　　　　(2) $\displaystyle\int(x+1)^3\,dx-\int(x-1)^3\,dx$

解 (1) $\displaystyle\int(2x-1)(x+3)\,dx=\int(2x^2+5x-3)\,dx$

$=2\cdot\dfrac{1}{3}x^3+5\cdot\dfrac{1}{2}x^2-3x+C$

$=\dfrac{2}{3}x^3+\dfrac{5}{2}x^2-3x+C$

⬅展開し整理してから積分する。

(2) $\displaystyle\int(x+1)^3\,dx-\int(x-1)^3\,dx$

$=\displaystyle\int\{(x+1)^3-(x-1)^3\}\,dx$

$=\displaystyle\int(6x^2+2)\,dx=6\cdot\dfrac{1}{3}x^3+2x+C$

$=2x^3+2x+C$

⬅ $\displaystyle\int f(x)\,dx\pm\int g(x)\,dx$
$=\displaystyle\int\{f(x)\pm g(x)\}\,dx$
1 つにまとめて積分する。
（複号同順）

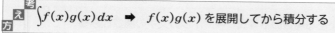

考え方 $\displaystyle\int f(x)g(x)\,dx$ ➡ $f(x)g(x)$ を展開してから積分する

5章 微分法と積分法

例題 274 関数の決定 ★★

(1) 次の条件を満たす関数 $f(x)$ を求めよ。

$f'(x)=-6x+5$ …①, $f(1)=-1$ …②

(2) 点 $(-1,\ 2)$ を通る曲線 $y=f(x)$ がある。この曲線上の任意の点 $(x,\ y)$ の接線の傾きが $9x^2-2x$ であるとき,曲線の方程式を求めよ。

解 (1) ①より $f(x)=\displaystyle\int(-6x+5)dx=-3x^2+5x+C$

②より $f(1)=-3+5+C=-1$ だから $C=-3$

よって,$f(x)=-3x^2+5x-3$

(2) 点 $(x,\ y)$ の接線の傾きが $9x^2-2x$ だから

$f'(x)=9x^2-2x$

よって,$f(x)=\displaystyle\int(9x^2-2x)dx=3x^3-x^2+C$

点 $(-1,\ 2)$ を通るから

$f(-1)=-3-1+C=2$ より $C=6$

ゆえに,曲線の方程式は $y=3x^3-x^2+6$

◀$f'(x)$ は接線の傾きを表す関数。

◀積分定数 C の決定は通る点を代入。

考え方 $f'(x)$ は ➡ 曲線 $y=f(x)$ 上の点 $(x,\ y)$ における接線の傾きを表す関数

積分定数 C は ➡ 関数の値,曲線の通る点などの条件から決定する

例題 275 $(ax+b)^n$ の不定積分（数Ⅲ） ★★★

次の不定積分を求めよ。

(1) $\displaystyle\int(5x+1)^2dx$

(2) $\displaystyle\int(x-1)^2(x+1)\,dx$

解 (1) $\displaystyle\int(5x+1)^2dx=\dfrac{1}{5}\cdot\dfrac{1}{3}(5x+1)^3+C$

$=\dfrac{1}{15}(5x+1)^3+C$

(2) $\displaystyle\int(x-1)^2(x+1)\,dx$

$=\displaystyle\int(x-1)^2\{(x-1)+2\}\,dx$

$=\displaystyle\int\{(x-1)^3+2(x-1)^2\}\,dx$

$=\dfrac{1}{4}(x-1)^4+\dfrac{2}{3}(x-1)^3+C$

$=\dfrac{1}{12}(x-1)^3\{3(x-1)+8\}+C$

$=\dfrac{1}{12}(x-1)^3(3x+5)+C$

▼$(ax+b)^n$ の不定積分▲

$\displaystyle\int(ax+b)^n\,dx$

$=\dfrac{1}{a(n+1)}(ax+b)^{n+1}+C$

◀$(ax+b)^n$ の形をつくる。

▼$(x-\alpha)^n$ の不定積分▲

$\displaystyle\int(x-\alpha)^n\,dx$

$=\dfrac{1}{n+1}(x-\alpha)^{n+1}+C$

考え方 $\displaystyle\int(x-\alpha)^n\,dx=\dfrac{1}{n+1}(x-\alpha)^{n+1}+C$ は利用しよう

例題 272〜275

例題 276 定積分の計算(1) ★

次の定積分を求めよ。

(1) $\displaystyle\int_1^4 (x^2-2x)\,dx$ (2) $\displaystyle\int_{-2}^0 (4t^2-1)\,dt$

解 (1) $\displaystyle\int_1^4 (x^2-2x)\,dx$

$=\left[\dfrac{1}{3}x^3-x^2\right]_1^4=\left(\dfrac{64}{3}-16\right)-\left(\dfrac{1}{3}-1\right)=6$

(2) $\displaystyle\int_{-2}^0 (4t^2-1)\,dt=\left[\dfrac{4}{3}t^3-t\right]_{-2}^0$

$=(0-0)-\left(-\dfrac{32}{3}+2\right)=\dfrac{26}{3}$

別解 (1) $\displaystyle\int_1^4 (x^2-2x)\,dx$

$=\displaystyle\int_1^4 x^2\,dx-\int_1^4 2x\,dx=\left[\dfrac{1}{3}x^3\right]_1^4-\left[x^2\right]_1^4$

$=\left(\dfrac{64}{3}-\dfrac{1}{3}\right)-(16-1)=6$

▶定積分の公式◀

$\displaystyle\int_a^b kf(x)\,dx=k\int_a^b f(x)\,dx$

(k は定数)

$\displaystyle\int_a^b \{f(x)+g(x)\}\,dx$

$=\displaystyle\int_a^b f(x)\,dx+\int_a^b g(x)\,dx$

$\displaystyle\int_a^b \{f(x)-g(x)\}\,dx$

$=\displaystyle\int_a^b f(x)\,dx-\int_a^b g(x)\,dx$

考え方 $\displaystyle\int f(x)\,dx=F(x)+C$ ➡ 定積分 $\displaystyle\int_a^b f(x)\,dx=\Big[F(x)\Big]_a^b=F(b)-F(a)$

定積分の値は積分変数には関係しないから ➡ $\displaystyle\int_a^b f(x)\,dx=\int_a^b f(t)\,dt$

例題 277 定積分の計算(2) ★

次の定積分を求めよ。

(1) $\displaystyle\int_{-3}^2 (3x-2)(x+1)\,dx$ (2) $\displaystyle\int_1^4 (x+1)^2\,dx+\int_1^4 (x-1)^2\,dx$

解 (1) $\displaystyle\int_{-3}^2 (3x-2)(x+1)\,dx$

$=\displaystyle\int_{-3}^2 (3x^2+x-2)\,dx=\left[x^3+\dfrac{1}{2}x^2-2x\right]_{-3}^2$

$=(8+2-4)-\left(-27+\dfrac{9}{2}+6\right)=\dfrac{45}{2}$

◀展開して,それぞれの項を積分する。

(2) $\displaystyle\int_1^4 (x+1)^2\,dx+\int_1^4 (x-1)^2\,dx$

$=\displaystyle\int_1^4 \{(x+1)^2+(x-1)^2\}\,dx=\int_1^4 (2x^2+2)\,dx$

$=\left[\dfrac{2}{3}x^3+2x\right]_1^4=\left(\dfrac{128}{3}+8\right)-\left(\dfrac{2}{3}+2\right)=48$

◀積分区間が同じであるから,1つにまとめて積分することができる。被積分関数が簡単になることがある。

考え方 積分区間が同じ

$\displaystyle\int_a^b f(x)\,dx\pm\int_a^b g(x)\,dx$ ➡ 1つにまとめて $\displaystyle\int_a^b \{f(x)\pm g(x)\}\,dx$ (複号同順)

次の定積分を求めよ。

(1) $\displaystyle\int_{4}^{4}(5x^2-x-2)\,dx$

(2) $\displaystyle\int_{1}^{3}(3x^2-2x)\,dx-\int_{2}^{3}(3x^2-2x)\,dx$

解 (1) $\displaystyle\int_{4}^{4}(5x^2-x-2)\,dx=0$ ←----(I)

←上端と下端が同じ値。

▼定積分の公式▲

(2) $\displaystyle\int_{1}^{3}(3x^2-2x)\,dx-\int_{2}^{3}(3x^2-2x)\,dx$ ←----(II)

$=\displaystyle\int_{1}^{3}(3x^2-2x)\,dx+\int_{3}^{2}(3x^2-2x)\,dx$ ←----(III)

$=\displaystyle\int_{1}^{2}(3x^2-2x)\,dx$ ←----

$=\Big[x^3-x^2\Big]_{1}^{2}=(8-4)-(1-1)=4$

(I) $\displaystyle\int_{a}^{a}f(x)\,dx=0$

(II) $\displaystyle\int_{b}^{a}f(x)\,dx=-\int_{a}^{b}f(x)\,dx$

(III) $\displaystyle\int_{a}^{b}f(x)\,dx$

$\quad=\displaystyle\int_{a}^{c}f(x)\,dx+\int_{c}^{b}f(x)\,dx$

考え方 定積分の計算 ➡ 積分区間を確認する

・(I) → 上端と下端が同じ値のときの定積分は 0 である。
・(II) → 上端と下端を反対にすると定積分の符号が反対になる。
・(III) → 積分する関数（被積分関数）が同じで，積分区間が連続する場合は 1 つにできる。

例題 279 定積分と関数の決定（1） ★★

次の式を同時に満たす 2 次関数を求めよ。

$$f(0)=2,\quad \int_{0}^{1}f'(x)\,dx=1,\quad \int_{0}^{1}xf'(x)\,dx=0$$

解 $f(x)=ax^2+bx+c\ (a\neq0)$ とおく。

$f(0)=2$ より $f(0)=c=2$

$\displaystyle\int_{0}^{1}f'(x)\,dx=1$ より

$\displaystyle\int_{0}^{1}f'(x)\,dx=\Big[f(x)\Big]_{0}^{1}=\Big[ax^2+bx+2\Big]_{0}^{1}$

$=a+b=1\ \cdots①$

$f'(x)=2ax+b$ より

$\displaystyle\int_{0}^{1}xf'(x)\,dx=\int_{0}^{1}(2ax^2+bx)\,dx$

$=\Big[\dfrac{2}{3}ax^3+\dfrac{1}{2}bx^2\Big]_{0}^{1}=\dfrac{2}{3}a+\dfrac{1}{2}b=0$

これより $4a+3b=0\ \cdots②$

①，②を解いて $a=-3,\ b=4$

よって，$f(x)=-3x^2+4x+2$

←$\displaystyle\int f'(x)\,dx=f(x)+C$

これは，次のように確かめられる。

$f(x)=ax^2+bx$ のとき

$f'(x)=2ax+b$

$\displaystyle\int f'(x)\,dx=\int(2ax+b)\,dx$

$\quad=ax^2+bx+C$

$\quad=f(x)+C$

考え方 定積分の条件を満たす関数の決定 ➡ 定積分を計算して条件を式にする

(1)　次の等式を証明せよ。ただし，n は 0 以上の整数とする。

(ⅰ)　$\displaystyle\int_{-a}^{a} x^{2n}\,dx = 2\int_{0}^{a} x^{2n}\,dx$　　　　(ⅱ)　$\displaystyle\int_{-a}^{a} x^{2n+1}\,dx = 0$

(2)　定積分 $\displaystyle\int_{-3}^{3}(x^3-3x^2-6x+4)\,dx$ を求めよ。

5章 微分法と積分法

解 (1)　(ⅰ)　$\displaystyle\int_{-a}^{a} x^{2n}\,dx = \left[\frac{1}{2n+1}x^{2n+1}\right]_{-a}^{a}$

$\displaystyle\qquad = \frac{1}{2n+1}\{a^{2n+1}-(-a)^{2n+1}\}$

$\displaystyle\qquad = \frac{1}{2n+1}\{a^{2n+1}-(-a^{2n+1})\}$

$\displaystyle\qquad = \frac{2}{2n+1}a^{2n+1}$

$\displaystyle\quad 2\int_{0}^{a} x^{2n}\,dx = \left[\frac{2}{2n+1}x^{2n+1}\right]_{0}^{a}$

$\displaystyle\qquad = \frac{2}{2n+1}a^{2n+1}$

よって，$\displaystyle\int_{-a}^{a} x^{2n}\,dx = 2\int_{0}^{a} x^{2n}\,dx$　（終）

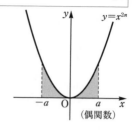

$y = x^{2n}$

（偶関数）

(ⅱ)　$\displaystyle\int_{-a}^{a} x^{2n+1}\,dx = \left[\frac{1}{2n+2}x^{2n+2}\right]_{-a}^{a}$

$\displaystyle\qquad = \frac{1}{2n+2}\{a^{2n+2}-(-a)^{2n+2}\}$

$\displaystyle\qquad = \frac{1}{2n+2}\{a^{2n+2}-a^{2n+2}\} = 0$

よって，$\displaystyle\int_{-a}^{a} x^{2n+1}\,dx = 0$　（終）

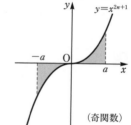

$y = x^{2n+1}$

（奇関数）

(2)　$\displaystyle\int_{-3}^{3}(x^3-3x^2-6x+4)\,dx$

$\displaystyle\quad = \int_{-3}^{3}(-3x^2+4)\,dx + \int_{-3}^{3}(x^3-6x)\,dx$

$\displaystyle\quad = 2\int_{0}^{3}(-3x^2+4)\,dx + 0$

$\displaystyle\quad = 2\left[-x^3+4x\right]_{0}^{3}$

$\displaystyle\quad = 2(-27+12) = \mathbf{-30}$

◀x^{2n}（次数が偶数）の項と x^{2n+1}（次数が奇数）の項に分ける。

参考 つねに $f(-x)=f(x)$ が成り立つとき，$f(x)$ を**偶関数**という。

つねに $f(-x)=-f(x)$ が成り立つとき，$f(x)$ を**奇関数**という。

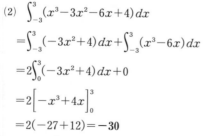

考え方

区間が $-a$ から a まで

$\displaystyle\int_{-a}^{a} f(x)\,dx$ の定積分　➡　$\displaystyle\int_{-a}^{a}\!\!\overset{\text{偶関数}}{x^{2n}}\,dx = 2\int_{-a}^{a} x^{2n}\,dx,\quad \int_{-a}^{a}\!\!\overset{\text{奇関数}}{x^{2n+1}}\,dx = 0$

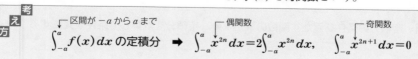

例題 281 　定積分 $\int_\alpha^\beta (x-\alpha)(x-\beta)\,dx$ 　　　★★★

(1)　等式 $\displaystyle\int_\alpha^\beta (x-\alpha)(x-\beta)\,dx = -\frac{1}{6}(\beta-\alpha)^3$ を示せ。

(2)　(1)を利用して次の定積分を求めよ。

　　① $\displaystyle\int_{-3}^{2}(x^2+x-6)\,dx$ 　　　　② $\displaystyle\int_{1-\sqrt{2}}^{1+\sqrt{2}}(x^2-2x-1)\,dx$

解 (1) $\displaystyle\int_\alpha^\beta (x-\alpha)(x-\beta)\,dx = \int_\alpha^\beta \{x^2-(\alpha+\beta)x+\alpha\beta\}\,dx$

$\displaystyle = \left[\frac{x^3}{3} - \frac{\alpha+\beta}{2}x^2 + \alpha\beta x\right]_\alpha^\beta$

$\displaystyle = \frac{1}{3}\Big[x^3\Big]_\alpha^\beta - \frac{\alpha+\beta}{2}\Big[x^2\Big]_\alpha^\beta + \alpha\beta\Big[x\Big]_\alpha^\beta$ 　　　　←1つ1つの項をていねいに定 積分する。

$\displaystyle = \frac{1}{3}(\beta^3-\alpha^3) - \frac{\alpha+\beta}{2}(\beta^2-\alpha^2) + \alpha\beta(\beta-\alpha)$ 　　←$(\beta-\alpha)$ が共通因数になる。

$\displaystyle = \frac{1}{6}(\beta-\alpha)\{2(\beta^2+\alpha\beta+\alpha^2) - 3(\alpha+\beta)^2 + 6\alpha\beta\}$

$\displaystyle = \frac{1}{6}(\beta-\alpha)(-\alpha^2+2\alpha\beta-\beta^2) = -\frac{1}{6}(\beta-\alpha)^3$ 　（終）

別解 $\displaystyle\int_\alpha^\beta (x-\alpha)(x-\beta)\,dx$

$\displaystyle = \int_\alpha^\beta (x-\alpha)\{x-\alpha-(\beta-\alpha)\}\,dx$

$\displaystyle = \int_\alpha^\beta \{(x-\alpha)^2 - (\beta-\alpha)(x-\alpha)\}\,dx$ 　　　　←$\displaystyle\int (x-\alpha)^n\,dx$

$\displaystyle = \left[\frac{1}{3}(x-\alpha)^3 - \frac{\beta-\alpha}{2}(x-\alpha)^2\right]_\alpha^\beta$ 　　　　$\displaystyle = \frac{1}{n+1}(x-\alpha)^{n+1}+C$

$\displaystyle = \frac{1}{3}(\beta-\alpha)^3 - \frac{1}{2}(\beta-\alpha)^3 = -\frac{1}{6}(\beta-\alpha)^3$ 　（終） 　（例題 275 参照）

(2)　① $\displaystyle\int_{-3}^{2}(x^2+x-6)\,dx = \int_{-3}^{2}(x+3)(x-2)\,dx$

$\displaystyle = -\frac{1}{6}\{2-(-3)\}^3 = -\frac{125}{6}$

② $x^2-2x-1=0$ の解が $x=1\pm\sqrt{2}$ だから

$\displaystyle\int_{1-\sqrt{2}}^{1+\sqrt{2}}(x^2-2x-1)\,dx$

$\displaystyle = \int_{1-\sqrt{2}}^{1+\sqrt{2}}\{x-(1-\sqrt{2})\}\{x-(1+\sqrt{2})\}\,dx$ 　　← $\displaystyle\int_\alpha^\beta \underaccent{\sim}{(x-\alpha)(x-\beta)}\,dx$

$\displaystyle = -\frac{1}{6}\{(1+\sqrt{2})-(1-\sqrt{2})\}^3$ 　　　　$\displaystyle = -\frac{1}{6}(\beta-\alpha)^3$

$\displaystyle = -\frac{1}{6}(2\sqrt{2})^3 = -\frac{16\sqrt{2}}{6} = -\frac{8\sqrt{2}}{3}$ 　　　を公式として使うときは 必ず〜〜〜の式をかくこと。

考え方 α, β が2次方程式 $ax^2+bx+c=0$ の実数解であるとき

➡ $\displaystyle\int_\alpha^\beta (ax^2+bx+c)\,dx = a\int_\alpha^\beta (x-\alpha)(x-\beta)\,dx = -\frac{a}{6}(\beta-\alpha)^3$

例題 282 積分区間が分かれる定積分　　　★★

関数 $f(x) = \begin{cases} x^2 & (x \geqq 0) \\ -x & (x \leqq 0) \end{cases}$ について，定積分 $\displaystyle\int_{-3}^{2} f(x)\,dx$ を求めよ。

解

$\displaystyle\int_{-3}^{2} f(x)\,dx$

$\displaystyle = \int_{-3}^{0} f(x)\,dx + \int_{0}^{2} f(x)\,dx$

$\displaystyle = \int_{-3}^{0} (-x)\,dx + \int_{0}^{2} x^2\,dx$

$\displaystyle = \left[-\frac{1}{2}x^2\right]_{-3}^{0} + \left[\frac{1}{3}x^3\right]_{0}^{2}$

$\displaystyle = \frac{9}{2} + \frac{8}{3} = \frac{43}{6}$

◀$f(x)$ は $x=0$ を境目にして式が変わるので，積分区間 $-3 \leqq x \leqq 2$ を $-3 \leqq x \leqq 0$ と $0 \leqq x \leqq 2$ に分けて積分する。

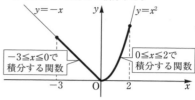

$-3 \leqq x \leqq 0$ で積分する関数　　$0 \leqq x \leqq 2$ で積分する関数

考え方 定積分では積分区間と被積分関数を確認する

例題 283 定積分と関数の決定(2)　　　★★★

関数 $f(x) = x^2 + ax + b$ とする。任意の 1 次関数 $g(x)$ に対して，つねに $\displaystyle\int_{0}^{1} f(x)g(x)\,dx = 0$ が成り立つように，定数 a，b の値を定めよ。

解 $g(x) = px + q$ $(p \neq 0)$ とおく。

$\displaystyle\int_{0}^{1} f(x)g(x)\,dx$

$\displaystyle = \int_{0}^{1} (x^2 + ax + b)(px + q)\,dx$

$\displaystyle = p\int_{0}^{1} (x^3 + ax^2 + bx)\,dx + q\int_{0}^{1} (x^2 + ax + b)\,dx$

$\displaystyle = p\left[\frac{1}{4}x^4 + \frac{a}{3}x^3 + \frac{b}{2}x^2\right]_{0}^{1} + q\left[\frac{1}{3}x^3 + \frac{a}{2}x^2 + bx\right]_{0}^{1}$

$\displaystyle = p\left(\frac{1}{4} + \frac{a}{3} + \frac{b}{2}\right) + q\left(\frac{1}{3} + \frac{a}{2} + b\right)$

よって，

$\displaystyle p\left(\frac{1}{4} + \frac{a}{3} + \frac{b}{2}\right) + q\left(\frac{1}{3} + \frac{a}{2} + b\right) = 0$

これが，任意の p，q に対して成り立つためには

$\displaystyle \frac{1}{4} + \frac{a}{3} + \frac{b}{2} = 0$ かつ $\displaystyle \frac{1}{3} + \frac{a}{2} + b = 0$

これより $4a + 6b + 3 = 0$ …①, $3a + 6b + 2 = 0$ …②

①，②を解いて $a = -1$，$b = \dfrac{1}{6}$

◀任意の 1 次関数は，係数を文字で表す。
（この場合の p，q は任意の定数である。）

◀p，q についての恒等式と考える。

考え方 任意の 1 次関数 $px + q$ ➡ p，q はいろいろな値をとる
任意の 1 次関数 $px + q$ について成り立つ ➡ p，q についての恒等式

次の等式を満たす関数 $f(x)$ を求めよ。

(1) $f(x)=3x^2-2x+\displaystyle\int_0^2 f(t)\,dt$　　(2) $f(x)=2x+\displaystyle\int_0^1 (x+t)f(t)\,dt$

解 (1) $\displaystyle\int_0^2 f(t)\,dt=k$ （k は定数）とおくと

$f(x)=3x^2-2x+k$　と表せる。

$k=\displaystyle\int_0^2 f(t)\,dt=\int_0^2 (3t^2-2t+k)\,dt$

$\qquad=\Big[t^3-t^2+kt\Big]_0^2=4+2k$

$k=4+2k$ より　$k=-4$

よって，$f(x)=3x^2-2x-4$

(2) $f(x)=2x+\displaystyle\int_0^1 \{xf(t)+tf(t)\}\,dt$

$\qquad=2x+x\displaystyle\int_0^1 f(t)\,dt+\int_0^1 tf(t)\,dt$

$\displaystyle\int_0^1 f(t)\,dt=A,\ \int_0^1 tf(t)\,dt=B$ （$A,\ B$ は定数）

とおくと

$f(x)=2x+Ax+B=(A+2)x+B$　と表せる。

$A=\displaystyle\int_0^1 f(t)\,dt=\int_0^1 \{(A+2)t+B\}\,dt$

$\quad=\Big[\dfrac{A+2}{2}t^2+Bt\Big]_0^1=\dfrac{A+2}{2}+B$

$A=\dfrac{A+2}{2}+B$ より　$A-2B=2$　…①

$B=\displaystyle\int_0^1 tf(t)\,dt=\int_0^1 \{(A+2)t^2+Bt\}\,dt$

$\quad=\Big[\dfrac{A+2}{3}t^3+\dfrac{B}{2}t^2\Big]_0^1=\dfrac{A+2}{3}+\dfrac{B}{2}$

$B=\dfrac{A+2}{3}+\dfrac{B}{2}$ より　$2A-3B=-4$ …②

①，②を解いて　$A=-14,\ B=-8$

よって，$f(x)=-12x-8$

・定積分 $\displaystyle\int_a^b f(t)\,dt$ の計算結果は必ずある値，すなわち定数になるから $\displaystyle\int_a^b f(t)\,dt=k$ （定数）とおいて考える。

・$\displaystyle\int_a^b xf(t)\,dt$ は t についての積分だから x は定数を表す文字扱いになるので $x\displaystyle\int_a^b f(t)\,dt$ と定積分の外に出す。

$f(x)=g(x)+\displaystyle\int_a^b f(t)\,dt\ \Rightarrow\ \int_a^b f(t)\,dt=k$ （定数）とおく

例題 285 微分と積分の関係 ★★

次の等式を満たす関数 $f(x)$ と定数 a の値を求めよ。

$$\int_a^x f(t)\,dt = x^2 - 3x - 4 \quad \cdots ①$$

解 ①の両辺を x で微分して

$$f(x) = 2x - 3$$

①について, $x = a$ を代入すると

$$a^2 - 3a - 4 = 0$$
$$(a+1)(a-4) = 0$$

よって, $a = -1,\ 4$

▼微分と積分の関係◢

$$\frac{d}{dx}\int_a^x f(t)\,dt = f(x)$$

ただし, a は定数

←①に, $x = a$ を代入すると

(左辺)$=\int_a^a f(t)\,dt = 0$

(右辺)$= a^2 - 3a - 4$

考え方

積分して，微分するからもとの関数に戻る

微分と積分の関係 ➡ $\dfrac{d}{dx}\displaystyle\int_a^x f(t)\,dt = f(x)$

上端と下端が等しい定積分は 0 ➡ $\displaystyle\int_a^a f(t)\,dt = 0$

例題 286 定積分で表された関数の極値 ★★

関数 $f(x) = \displaystyle\int_0^x (t^2 + 2t - 3)\,dt$ の極値を求めよ。

解 $f'(x) = x^2 + 2x - 3 = (x+3)(x-1)$

$f(x)$ の増減は右のとおり。

ここで $f(x) = \left[\dfrac{1}{3}t^3 + t^2 - 3t\right]_0^x$

$\qquad = \dfrac{1}{3}x^3 + x^2 - 3x$

x	$\cdots$	-3	$\cdots$	1	$\cdots$
$f'(x)$	$+$	0	$-$	0	$+$
$f(x)$	↗	極大	↘	極小	↗

よって, $x = -3$ のとき極大値 $f(-3) = 9$

$\qquad x = 1$ のとき極小値 $f(1) = -\dfrac{5}{3}$

例題 287 定積分の最小値 ★★

$f(a) = \displaystyle\int_1^3 (3x^2 - 4ax + a^2)\,dx$ の最小値を求めよ。

解 $f(a) = \displaystyle\int_1^3 (3x^2 - 4ax + a^2)\,dx$

$\qquad = \left[x^3 - 2ax^2 + a^2 x\right]_1^3$

$\qquad = 2a^2 - 16a + 26 = 2(a-4)^2 - 6$

よって, $a = 4$ のとき 最小値 -6

←a は定数とみて, x で積分。

←a の 2 次関数とみる。

考え方

$\displaystyle\int_a^b \bullet\,dx$ は x の関数として積分 ➡ x 以外の文字は定数扱い

定積分をして文字が残れば ➡ 残った文字の関数と考えることもある

曲線と x 軸で囲まれた図形の面積　　　★

次の曲線や直線で囲まれた図形の面積 S を求めよ。

(1)　放物線 $y=x^2$ と x 軸，および直線 $x=2$

(2)　放物線 $y=x^2-2x-3$ と x 軸

解 (1)　求める面積 S は

$$S=\int_0^2 x^2\,dx$$

$$=\left[\frac{1}{3}x^3\right]_0^2$$

$$=\frac{8}{3}$$

◀ $0\leqq x\leqq 2$ において
　$y=x^2\geqq 0$

(2)　放物線と x 軸の交点の x 座標は

$x^2-2x-3=0$ より

$(x+1)(x-3)=0,$　　$x=-1,\ 3$

よって，求める面積 S は

$$S=-\int_{-1}^{3}(x^2-2x-3)\,dx$$

$$=-\left[\frac{1}{3}x^3-x^2-3x\right]_{-1}^{3}$$

$$=-(9-9-9)+\left(-\frac{1}{3}-1+3\right)$$

$$=\frac{32}{3}$$

◀ $-1\leqq x\leqq 3$ において
　$y=x^2-2x-3\leqq 0$

別解 $S=-\displaystyle\int_{-1}^{3}(x+1)(x-3)\,dx$

$=\dfrac{1}{6}\{3-(-1)\}^3=\dfrac{32}{3}$　◀ $\displaystyle\int_{\alpha}^{\beta}(x-\alpha)(x-\beta)\,dx=-\dfrac{1}{6}(\beta-\alpha)^3$　（例題 281 参照）

▸ 面積 S ◂

$a\leqq x\leqq b$ で $f(x)\geqq 0$ のとき	$a\leqq x\leqq b$ で $f(x)\leqq 0$ のとき
	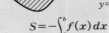
$S=\displaystyle\int_a^b f(x)\,dx$	$S=-\displaystyle\int_a^b f(x)\,dx$

 曲線と x 軸で囲まれた図形の面積　➡　まず，グラフの概形をかき
x 軸との共有点を求める

例題 289　2曲線で囲まれた図形の面積　★★

次の曲線や直線で囲まれた図形の面積 S を求めよ。

(1)　放物線 $y=x^2-5$ と直線 $y=x+1$

(2)　2つの放物線 $y=x^2-x$, $y=-x^2+1$

解 (1)　放物線と直線の交点の x 座標は

$x^2-5=x+1$ より

$x^2-x-6=0$ を解いて　$x=-2$, 3

よって，求める面積 S は

$$S=\int_{-2}^{3}\{(x+1)-(x^2-5)\}\,dx$$

$$=\int_{-2}^{3}(-x^2+x+6)\,dx$$

$$=\left[-\frac{1}{3}x^3+\frac{1}{2}x^2+6x\right]_{-2}^{3}=\frac{125}{6}$$

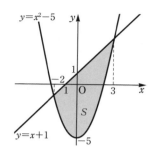

(2)　2つの放物線の交点の x 座標は

$x^2-x=-x^2+1$ より

$2x^2-x-1=0$ を解いて　$x=-\dfrac{1}{2}$, 1

よって，求める面積 S は

$$S=\int_{-\frac{1}{2}}^{1}\{(-x^2+1)-(x^2-x)\}\,dx$$

$$=\int_{-\frac{1}{2}}^{1}(-2x^2+x+1)\,dx$$

$$=\left[-\frac{2}{3}x^3+\frac{1}{2}x^2+x\right]_{-\frac{1}{2}}^{1}=\frac{9}{8}$$

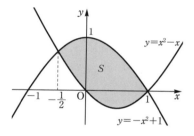

別解 (1)　$S=\displaystyle\int_{-2}^{3}(-x^2+x+6)\,dx=-\int_{-2}^{3}(x+2)(x-3)\,dx$　⬅ $\displaystyle\int_{\alpha}^{\beta}(x-\alpha)(x-\beta)\,dx$

$$=\frac{1}{6}\{3-(-2)\}^3=\frac{125}{6} \qquad =-\frac{1}{6}(\beta-\alpha)^3$$

(2)　$S=\displaystyle\int_{-\frac{1}{2}}^{1}(-2x^2+x+1)\,dx=-2\int_{-\frac{1}{2}}^{1}\left(x+\frac{1}{2}\right)(x-1)\,dx$　⬅ $a\displaystyle\int_{\alpha}^{\beta}(x-\alpha)(x-\beta)\,dx$

$$=\frac{2}{6}\left\{1-\left(-\frac{1}{2}\right)\right\}^3=\frac{9}{8} \qquad =-\frac{a}{6}(\beta-\alpha)^3$$

考え方 2曲線で囲まれた図形の面積

・グラフをかいて上下関係を把握。

・$f(x)=g(x)$ を解いて2曲線の共有点を求める。

　$a\leqq x\leqq b$, $f(x)\geqq g(x)$ のとき

　➡ $S=\displaystyle\int_{a}^{b}\{f(x)-g(x)\}\,dx$

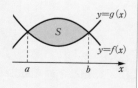

例題 290 囲まれた図形が2つあるときの面積　★★

放物線 $y=x^2-2$ $(0\leqq x\leqq 2)$ と3直線 $y=-x$, $x=0$, $x=2$ で囲まれた2つの図形の面積の和 S を求めよ。

解 放物線と直線 $y=-x$ の交点の x 座標は，
$x^2-2=-x$ より　$x=1$, -2
求める面積 S は右図の灰色の部分だから

$$S=\int_0^1\{-x-(x^2-2)\}dx+\int_1^2\{(x^2-2)-(-x)\}dx$$

$$=\int_0^1(-x^2-x+2)dx+\int_1^2(x^2+x-2)dx$$

$$=\left[-\frac{1}{3}x^3-\frac{1}{2}x^2+2x\right]_0^1+\left[\frac{1}{3}x^3+\frac{1}{2}x^2-2x\right]_1^2$$

$$=3$$

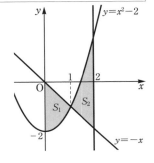

考え方 囲まれた部分が2つあるとき ➡ 上下関係だけでなく分岐点（交点）も把握

例題 291 曲線と接線で囲まれた図形の面積(1)　★★★

点 $(-1,\ 0)$ から放物線 $y=x^2+3$ へ引いた2本の接線とこの放物線で囲まれた図形の面積 S を求めよ。

解 $y=x^2+3$ より　$y'=2x$
放物線上の点 $(a,\ a^2+3)$ における接線の方程式は
$$y-(a^2+3)=2a(x-a)$$ より　　◀傾きは $f'(a)=2a$
$$y=2ax-a^2+3\ \cdots\text{①}$$
これが点 $(-1,\ 0)$ を通るから
$$0=2a(-1)-a^2+3$$ より　$a^2+2a-3=0$
これを解いて　$a=-3$, 1
接線の方程式は，①より
$a=-3$ のとき　$y=-6x-6$
$a=1$ のとき　$y=2x+2$
求める面積 S は右図の灰色部分だから

$$S=\int_{-3}^{-1}\{(x^2+3)-(-6x-6)\}dx$$

$$+\int_{-1}^{1}\{(x^2+3)-(2x+2)\}dx$$

$$=\int_{-3}^{-1}(x^2+6x+9)dx+\int_{-1}^{1}(x^2-2x+1)dx$$

$$=\left[\frac{1}{3}x^3+3x^2+9x\right]_{-3}^{-1}+\left[\frac{1}{3}x^3-x^2+x\right]_{-1}^{1}=\frac{\mathbf{16}}{\mathbf{3}}$$

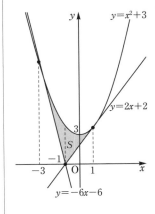

◀
$$\int_{-3}^{-1}(x+3)^2dx+\int_{-1}^{1}(x-1)^2dx$$
$$=\left[\frac{1}{3}(x+3)^3\right]_{-3}^{-1}+\left[\frac{1}{3}(x-1)^3\right]_{-1}^{1}$$
$$=\frac{8}{3}+\frac{8}{3}=\frac{16}{3}$$
と計算してもよい。（例題275）

考え方 2接線と曲線で囲まれた図形 ➡ 接線と接線の交点で分ける

曲線と接線で囲まれた図形の面積(2) ★★★

曲線 $y=x^3+x^2$ と，この曲線上の点 $(-1,\ 0)$ における接線で囲まれた図形の面積 S を求めよ。

解 $y=x^3+x^2$ より $y'=3x^2+2x$ だから
点 $(-1,\ 0)$ における接線の方程式は

$y=x+1$ ◀$y-0=1\cdot(x+1)$

この接線と曲線の共有点の x 座標は
$x^3+x^2=x+1$ の解である。

$x^3+x^2-x-1=0,\ (x+1)^2(x-1)=0$

よって，$x=-1,\ 1$ ◀接点の x 座標 -1 は重解となっている。

求める面積 S は

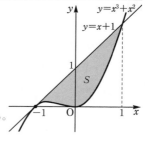

$$S=\int_{-1}^{1}\{(x+1)-(x^3+x^2)\}\,dx$$

$$=\int_{-1}^{1}(-x^3-x^2+x+1)\,dx$$

$$=2\int_{0}^{1}(-x^2+1)\,dx=2\left[-\frac{1}{3}x^3+x\right]_{0}^{1}=\frac{4}{3}$$

◀$\int_{-1}^{1}x^3\,dx=0$

$\int_{-1}^{1}x\,dx=0$

例題 280 参照。

考え方 3次関数のグラフと接線 ➡ 接点が $x=\alpha$ なら $(x-\alpha)^2(x-\beta)=0$

面積の等分(1) ★★★

放物線 $y=2x-x^2$ と x 軸で囲まれた図形の面積 S を直線 $y=mx$ が 2 等分するとき，定数 m の値を求めよ。ただし，$0<m<2$ とする。

解 $S=\int_{0}^{2}(2x-x^2)\,dx=-\int_{0}^{2}x(x-2)\,dx=\frac{1}{6}\cdot2^3=\frac{4}{3}$

◀放物線と x 軸で囲まれた面積。

放物線 $y=2x-x^2$ と直線 $y=mx$ の交点の x 座標は $2x-x^2=mx$ より $x\{x-(2-m)\}=0$

よって，$x=0,\ 2-m$

放物線と直線で囲まれた図形の面積を T とすると

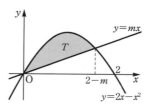

$$T=\int_{0}^{2-m}\{(2x-x^2)-mx\}\,dx$$

$$=-\int_{0}^{2-m}x\{x-(2-m)\}\,dx=\frac{1}{6}(2-m)^3$$

◀$\int_{\alpha}^{\beta}(x-\alpha)(x-\beta)\,dx$
$=-\frac{1}{6}(\beta-\alpha)^3$

$T=\frac{1}{2}S=\frac{2}{3}$ だから $\frac{1}{6}(2-m)^3=\frac{2}{3}$

$(2-m)^3=4$ より $2-m=\sqrt[3]{4}$

◀$x^3=a$ の実数解は $x=\sqrt[3]{a}$

ゆえに，$m=2-\sqrt[3]{4}$ $(0<m<2$ を満たす$)$

考え方 放物線と直線で囲まれた図形の面積計算 ➡ $-\int_{\alpha}^{\beta}(x-\alpha)(x-\beta)\,dx=\frac{1}{6}(\beta-\alpha)^3$ を利用

$(\beta-\alpha)^3=k$ は展開しないで $\beta-\alpha=\sqrt[3]{k}$

曲線 $y=x(x-3)^2$ と直線 $y=a^2x$ で囲まれた2つの図形の面積が等しくなるとき，定数 a の値を求めよ。ただし，$0<a<3$ とする。

解 交点の x 座標は

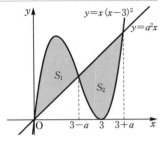

$x(x-3)^2=a^2x$ より

$\quad x\{(x-3)^2-a^2\}=0$

$\quad x(x-3+a)(x-3-a)=0$

$\quad x=0,\ 3\pm a$

ここで，$0<a<3$ より $0<3-a<3+a$

であり，グラフは右図のようになる。

囲まれた2つの図形の面積が等しくなるから

$$\int_0^{3-a}\{x(x-3)^2-a^2x\}\,dx=\int_{3-a}^{3+a}\{a^2x-x(x-3)^2\}\,dx \qquad \Leftarrow S_1=S_2$$

だから

$$\int_0^{3-a}\{x(x-3)^2-a^2x\}\,dx-\int_{3-a}^{3+a}\{a^2x-x(x-3)^2\}\,dx=0 \qquad \Leftarrow S_1-S_2=0$$

よって，$\displaystyle\int_0^{3+a}\{x(x-3)^2-a^2x\}\,dx=0 \qquad \Leftarrow \int_a^b f(x)\,dx+\int_b^c f(x)\,dx=\int_a^c f(x)\,dx$

ここで $\displaystyle\int_0^{3+a}\{x(x-3)^2-a^2x\}\,dx$

$\qquad\displaystyle=\int_0^{3+a}\{x^3-6x^2+(9-a^2)x\}\,dx$

$\qquad\displaystyle=\left[\frac{1}{4}x^4-2x^3+\frac{9-a^2}{2}x^2\right]_0^{3+a}$

$\qquad\displaystyle=\frac{1}{4}(3+a)^4-2(3+a)^3+\frac{(3-a)(3+a)}{2}(3+a)^2 \qquad \Leftarrow (3+a)^3$ が共通因数。

$\qquad\displaystyle=\frac{1}{4}(3+a)^3\{(3+a)-8+2(3-a)\}$

$\qquad\displaystyle=-\frac{1}{4}(3+a)^3(a-1)$

ゆえに，$\dfrac{1}{4}(a+3)^3(a-1)=0$

$0<a<3$ より $\boldsymbol{a=1}$

考え方 ・図のように，2曲線の上下関係が $a\leqq x\leqq b$ と $b\leqq x\leqq c$ で逆転し，S_1 と S_2 が等しい場合は

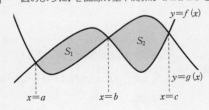

$S_1=S_2$ より

$$\int_a^b\{f(x)-g(x)\}\,dx$$

$$=\int_b^c\{g(x)-f(x)\}\,dx$$

$$\Rightarrow\ \int_a^c\{f(x)-g(x)\}\,dx=0$$

傾きが m で点 $(1,\ 2)$ を通る直線と放物線 $y=x^2$ で囲まれた図形の面積 S の最小値を求めよ。

解 直線の方程式は　$y-2=m(x-1)$　より

$y=mx-m+2$

直線と放物線の交点の x 座標は

$x^2=mx-m+2$　より

$x^2-mx+m-2=0$　を解いて

$$x=\frac{m\pm\sqrt{m^2-4m+8}}{2}$$

$$\alpha=\frac{m-\sqrt{m^2-4m+8}}{2},\quad \beta=\frac{m+\sqrt{m^2-4m+8}}{2}$$

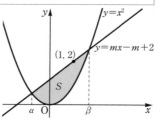

とおくと，面積 S は

$$S=\int_{\alpha}^{\beta}\{(mx-m+2)-x^2\}\,dx$$

$$=-\int_{\alpha}^{\beta}(x^2-mx+m-2)\,dx$$

$$=-\int_{\alpha}^{\beta}(x-\alpha)(x-\beta)\,dx=\frac{1}{6}(\beta-\alpha)^3$$

$$=\frac{1}{6}(\sqrt{m^2-4m+8})^3$$

ここで，$m^2-4m+8=(m-2)^2+4$ より

面積 S は $m=2$ のとき最小となり，

最小値は $\dfrac{1}{6}(\sqrt{4})^3=\dfrac{4}{3}$

←$\sqrt{}$ の中の最小値を考える。
$\sqrt{}$ の中は m の 2 次関数。

別解 $x^2-mx+m-2=0$ の解を $\alpha,\ \beta\ (\alpha<\beta)$ とすると

解と係数の関係より

$\alpha+\beta=m,\quad \alpha\beta=m-2$

$(\beta-\alpha)^2=(\alpha+\beta)^2-4\alpha\beta=m^2-4m+8$　だから

$\beta-\alpha>0$ より　$\beta-\alpha=\sqrt{m^2-4m+8}$

よって，$S=-\displaystyle\int_{\alpha}^{\beta}(x-\alpha)(x-\beta)\,dx=\frac{1}{6}(\beta-\alpha)^3$

$$=\frac{1}{6}(\sqrt{m^2-4m+8})^3$$

（以下同様）

▼解と係数の関係▲

2 次方程式
$$ax^2+bx+c=0$$
の 2 つの解を $\alpha,\ \beta$ とすると
$$\alpha+\beta=-\frac{b}{a},\quad \alpha\beta=\frac{c}{a}$$

考え方
放物線と直線で囲まれた図形の面積
交点の x 座標が複雑なとき
➡
交点の x 座標を $\alpha,\ \beta$ とおいて
$$-\int_{\alpha}^{\beta}(x-\alpha)(x-\beta)\,dx=\frac{1}{6}(\beta-\alpha)^3$$
を利用

5 章 微分法と積分法

例題 296 絶対値を含む関数の定積分 ★★

次の定積分を求めよ。

(1) $\displaystyle\int_{-1}^{2}|x-1|\,dx$

(2) $\displaystyle\int_{0}^{3}|x(x-2)|\,dx$

解 (1) $|x-1|=\begin{cases}x-1 & (x\geqq1) \\ -(x-1) & (x\leqq1)\end{cases}$ だから

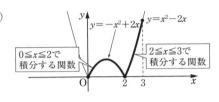

$$\int_{-1}^{2}|x-1|\,dx$$

$$=\int_{-1}^{1}(-x+1)\,dx+\int_{1}^{2}(x-1)\,dx$$

$$=\left[-\frac{1}{2}x^2+x\right]_{-1}^{1}+\left[\frac{1}{2}x^2-x\right]_{1}^{2}=\frac{5}{2}$$

(2) $|x(x-2)|=\begin{cases}x(x-2) & (x\leqq0,\ 2\leqq x) \\ -x(x-2) & (0\leqq x\leqq2)\end{cases}$

だから

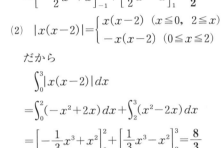

$$\int_{0}^{3}|x(x-2)|\,dx$$

$$=\int_{0}^{2}(-x^2+2x)\,dx+\int_{2}^{3}(x^2-2x)\,dx$$

$$=\left[-\frac{1}{3}x^3+x^2\right]_{0}^{2}+\left[\frac{1}{3}x^3-x^2\right]_{2}^{3}=\frac{8}{3}$$

考え方 絶対値を含む関数の定積分 ➡ グラフをかいて積分区間を決定

例題 297 絶対値を含む関数の積分区間が動く定積分 ★★★

定積分 $I=\displaystyle\int_{0}^{a}|x-1|\,dx$ を求めよ。ただし，$a>0$ とする。

解 $|x-1|=\begin{cases}x-1 & (x\geqq1) \\ -x+1 & (x\leqq1)\end{cases}$ だから

(i) $0<a\leqq1$ のとき

$$I=\int_{0}^{a}(-x+1)\,dx=\left[-\frac{1}{2}x^2+x\right]_{0}^{a}=-\frac{1}{2}a^2+a$$

(ii) $a>1$ のとき

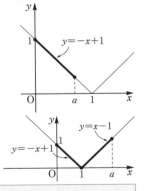

$$I=\int_{0}^{1}(-x+1)\,dx+\int_{1}^{a}(x-1)\,dx$$

$$=\left[-\frac{1}{2}x^2+x\right]_{0}^{1}+\left[\frac{1}{2}x^2-x\right]_{1}^{a}=\frac{1}{2}a^2-a+1$$

考え方
・積分区間に文字 a を含む場合，積分区間 が a の値によって変化する。
・その際，被積分関数との関係で場合分け が必要になることもある。

積分区間が変化する定積分 ➡ 積分区間とグラフとの関係に注目！

例題 298 絶対値と文字を含む関数の定積分 ★★★★

定積分 $I=\int_0^2 |x-a| dx$ を求めよ。

解 $|x-a|=\begin{cases} x-a & (x\geqq a) \\ -(x-a) & (x\leqq a) \end{cases}$ だから

(i) $a\leqq 0$ のとき

$$I=\int_0^2 (x-a) dx=\left[\frac{1}{2}x^2-ax\right]_0^2$$

$$=2-2a$$

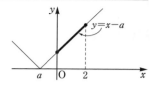

(ii) $0\leqq a\leqq 2$ のとき

$$I=\int_0^a (-x+a) dx+\int_a^2 (x-a) dx$$

$$=\left[-\frac{1}{2}x^2+ax\right]_0^a+\left[\frac{1}{2}x^2-ax\right]_a^2$$

$$=a^2-2a+2$$

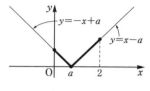

(iii) $a\geqq 2$ のとき

$$I=\int_0^2 (-x+a) dx=\left[-\frac{1}{2}x^2+ax\right]_0^2$$

$$=2a-2$$

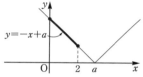

考え方 グラフが動く場合の定積分 ➡ グラフを動かして，積分区間と被積分関数との対応で場合分け

例題 299 連立不等式の表す領域の面積 ★★★

連立不等式 $y\leqq -x^2+2,\ y\geqq |x|$ の表す領域 D の面積を求めよ。

解 領域 D は右図の灰色部分で，境界を含む。

よって，求める面積 S は

$$S=\int_{-1}^1 (-x^2+2-|x|) dx$$

$$=\int_{-1}^0 (-x^2+2+x) dx+\int_0^1 (-x^2+2-x) dx$$

$$=\left[-\frac{1}{3}x^3+\frac{1}{2}x^2+2x\right]_{-1}^0+\left[-\frac{1}{3}x^3-\frac{1}{2}x^2+2x\right]_0^1$$

$$=\frac{7}{3}$$

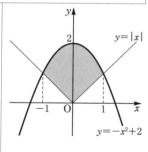

別解 領域 D は y 軸に関して対称だから

$$S=2\int_0^1 (-x^2+2-|x|) dx=2\int_0^1 (-x^2+2-x) dx$$

$$=2\left[-\frac{1}{3}x^3-\frac{1}{2}x^2+2x\right]_0^1=2\cdot\frac{7}{6}=\frac{7}{3}$$

◀D の $x\geqq 0$ の部分の面積の2倍。

考え方 図形の面積を求めるとき ➡ 図形の対称性に注意！

さくいん ＊用語・記号および問題文にあるキーワードから例題を検索してみよう。

三角関数の表

A	$\sin A$	$\cos A$	$\tan A$	A	$\sin A$	$\cos A$	$\tan A$
0°	0.0000	1.0000	0.0000	45°	0.7071	0.7071	1.0000
1°	0.0175	0.9998	0.0175	46°	0.7193	0.6947	1.0355
2°	0.0349	0.9994	0.0349	47°	0.7314	0.6820	1.0724
3°	0.0523	0.9986	0.0524	48°	0.7431	0.6691	1.1106
4°	0.0698	0.9976	0.0699	49°	0.7547	0.6561	1.1504
5°	0.0872	0.9962	0.0875	50°	0.7660	0.6428	1.1918
6°	0.1045	0.9945	0.1051	51°	0.7771	0.6293	1.2349
7°	0.1219	0.9925	0.1228	52°	0.7880	0.6157	1.2799
8°	0.1392	0.9903	0.1405	53°	0.7986	0.6018	1.3270
9°	0.1564	0.9877	0.1584	54°	0.8090	0.5878	1.3764
10°	0.1736	0.9848	0.1763	55°	0.8192	0.5736	1.4281
11°	0.1908	0.9816	0.1944	56°	0.8290	0.5592	1.4826
12°	0.2079	0.9781	0.2126	57°	0.8387	0.5446	1.5399
13°	0.2250	0.9744	0.2309	58°	0.8480	0.5299	1.6003
14°	0.2419	0.9703	0.2493	59°	0.8572	0.5150	1.6643
15°	0.2588	0.9659	0.2679	60°	0.8660	0.5000	1.7321
16°	0.2756	0.9613	0.2867	61°	0.8746	0.4848	1.8040
17°	0.2924	0.9563	0.3057	62°	0.8829	0.4695	1.8807
18°	0.3090	0.9511	0.3249	63°	0.8910	0.4540	1.9626
19°	0.3256	0.9455	0.3443	64°	0.8988	0.4384	2.0503
20°	0.3420	0.9397	0.3640	65°	0.9063	0.4226	2.1445
21°	0.3584	0.9336	0.3839	66°	0.9135	0.4067	2.2460
22°	0.3746	0.9272	0.4040	67°	0.9205	0.3907	2.3559
23°	0.3907	0.9205	0.4245	68°	0.9272	0.3746	2.4751
24°	0.4067	0.9135	0.4452	69°	0.9336	0.3584	2.6051
25°	0.4226	0.9063	0.4663	70°	0.9397	0.3420	2.7475
26°	0.4384	0.8988	0.4877	71°	0.9455	0.3256	2.9042
27°	0.4540	0.8910	0.5095	72°	0.9511	0.3090	3.0777
28°	0.4695	0.8829	0.5317	73°	0.9563	0.2924	3.2709
29°	0.4848	0.8746	0.5543	74°	0.9613	0.2756	3.4874
30°	0.5000	0.8660	0.5774	75°	0.9659	0.2588	3.7321
31°	0.5150	0.8572	0.6009	76°	0.9703	0.2419	4.0108
32°	0.5299	0.8480	0.6249	77°	0.9744	0.2250	4.3315
33°	0.5446	0.8387	0.6494	78°	0.9781	0.2079	4.7046
34°	0.5592	0.8290	0.6745	79°	0.9816	0.1908	5.1446
35°	0.5736	0.8192	0.7002	80°	0.9848	0.1736	5.6713
36°	0.5878	0.8090	0.7265	81°	0.9877	0.1564	6.3138
37°	0.6018	0.7986	0.7536	82°	0.9903	0.1392	7.1154
38°	0.6157	0.7880	0.7813	83°	0.9925	0.1219	8.1443
39°	0.6293	0.7771	0.8098	84°	0.9945	0.1045	9.5144
40°	0.6428	0.7660	0.8391	85°	0.9962	0.0872	11.4301
41°	0.6561	0.7547	0.8693	86°	0.9976	0.0698	14.3007
42°	0.6691	0.7431	0.9004	87°	0.9986	0.0523	19.0811
43°	0.6820	0.7314	0.9325	88°	0.9994	0.0349	28.6363
44°	0.6947	0.7193	0.9657	89°	0.9998	0.0175	57.2900
45°	0.7071	0.7071	1.0000	90°	1.0000	0.0000	——

数	0	1	2	3	4	5	6	7	8	9
1.0	.0000	.0043	.0086	.0128	.0170	.0212	.0253	.0294	.0334	.0374
1.1	.0414	.0453	.0492	.0531	.0569	.0607	.0645	.0682	.0719	.0755
1.2	.0792	.0828	.0864	.0899	.0934	.0969	.1004	.1038	.1072	.1106
1.3	.1139	.1173	.1206	.1239	.1271	.1303	.1335	.1367	.1399	.1430
1.4	.1461	.1492	.1523	.1553	.1584	.1614	.1644	.1673	.1703	.1732
1.5	.1761	.1790	.1818	.1847	.1875	.1903	.1931	.1959	.1987	.2014
1.6	.2041	.2068	.2095	.2122	.2148	.2175	.2201	.2227	.2253	.2279
1.7	.2304	.2330	.2355	.2380	.2405	.2430	.2455	.2480	.2504	.2529
1.8	.2553	.2577	.2601	.2625	.2648	.2672	.2695	.2718	.2742	.2765
1.9	.2788	.2810	.2833	.2856	.2878	.2900	.2923	.2945	.2967	.2989
2.0	.3010	.3032	.3054	.3075	.3096	.3118	.3139	.3160	.3181	.3201
2.1	.3222	.3243	.3263	.3284	.3304	.3324	.3345	.3365	.3385	.3404
2.2	.3424	.3444	.3464	.3483	.3502	.3522	.3541	.3560	.3579	.3598
2.3	.3617	.3636	.3655	.3674	.3692	.3711	.3729	.3747	.3766	.3784
2.4	.3802	.3820	.3838	.3856	.3874	.3892	.3909	.3927	.3945	.3962
2.5	.3979	.3997	.4014	.4031	.4048	.4065	.4082	.4099	.4116	.4133
2.6	.4150	.4166	.4183	.4200	.4216	.4232	.4249	.4265	.4281	.4298
2.7	.4314	.4330	.4346	.4362	.4378	.4393	.4409	.4425	.4440	.4456
2.8	.4472	.4487	.4502	.4518	.4533	.4548	.4564	.4579	.4594	.4609
2.9	.4624	.4639	.4654	.4669	.4683	.4698	.4713	.4728	.4742	.4757
3.0	.4771	.4786	.4800	.4814	.4829	.4843	.4857	.4871	.4886	.4900
3.1	.4914	.4928	.4942	.4955	.4969	.4983	.4997	.5011	.5024	.5038
3.2	.5051	.5065	.5079	.5092	.5105	.5119	.5132	.5145	.5159	.5172
3.3	.5185	.5198	.5211	.5224	.5237	.5250	.5263	.5276	.5289	.5302
3.4	.5315	.5328	.5340	.5353	.5366	.5378	.5391	.5403	.5416	.5428
3.5	.5441	.5453	.5465	.5478	.5490	.5502	.5514	.5527	.5539	.5551
3.6	.5563	.5575	.5587	.5599	.5611	.5623	.5635	.5647	.5658	.5670
3.7	.5682	.5694	.5705	.5717	.5729	.5740	.5752	.5763	.5775	.5786
3.8	.5798	.5809	.5821	.5832	.5843	.5855	.5866	.5877	.5888	.5899
3.9	.5911	.5922	.5933	.5944	.5955	.5966	.5977	.5988	.5999	.6010
4.0	.6021	.6031	.6042	.6053	.6064	.6075	.6085	.6096	.6107	.6117
4.1	.6128	.6138	.6149	.6160	.6170	.6180	.6191	.6201	.6212	.6222
4.2	.6232	.6243	.6253	.6263	.6274	.6284	.6294	.6304	.6314	.6325
4.3	.6335	.6345	.6355	.6365	.6375	.6385	.6395	.6405	.6415	.6425
4.4	.6435	.6444	.6454	.6464	.6474	.6484	.6493	.6503	.6513	.6522
4.5	.6532	.6542	.6551	.6561	.6571	.6580	.6590	.6599	.6609	.6618
4.6	.6628	.6637	.6646	.6656	.6665	.6675	.6684	.6693	.6702	.6712
4.7	.6721	.6730	.6739	.6749	.6758	.6767	.6776	.6785	.6794	.6803
4.8	.6812	.6821	.6830	.6839	.6848	.6857	.6866	.6875	.6884	.6893
4.9	.6902	.6911	.6920	.6928	.6937	.6946	.6955	.6964	.6972	.6981
5.0	.6990	.6998	.7007	.7016	.7024	.7033	.7042	.7050	.7059	.7067
5.1	.7076	.7084	.7093	.7101	.7110	.7118	.7126	.7135	.7143	.7152
5.2	.7160	.7168	.7177	.7185	.7193	.7202	.7210	.7218	.7226	.7235
5.3	.7243	.7251	.7259	.7267	.7275	.7284	.7292	.7300	.7308	.7316
5.4	.7324	.7332	.7340	.7348	.7356	.7364	.7372	.7380	.7388	.7396

数	0	1	2	3	4	5	6	7	8	9
5.5	.7404	.7412	.7419	.7427	.7435	.7443	.7451	.7459	.7466	.7474
5.6	.7482	.7490	.7497	.7505	.7513	.7520	.7528	.7536	.7543	.7551
5.7	.7559	.7566	.7574	.7582	.7589	.7597	.7604	.7612	.7619	.7627
5.8	.7634	.7642	.7649	.7657	.7664	.7672	.7679	.7686	.7694	.7701
5.9	.7709	.7716	.7723	.7731	.7738	.7745	.7752	.7760	.7767	.7774
6.0	.7782	.7789	.7796	.7803	.7810	.7818	.7825	.7832	.7839	.7846
6.1	.7853	.7860	.7868	.7875	.7882	.7889	.7896	.7903	.7910	.7917
6.2	.7924	.7931	.7938	.7945	.7952	.7959	.7966	.7973	.7980	.7987
6.3	.7993	.8000	.8007	.8014	.8021	.8028	.8035	.8041	.8048	.8055
6.4	.8062	.8069	.8075	.8082	.8089	.8096	.8102	.8109	.8116	.8122
6.5	.8129	.8136	.8142	.8149	.8156	.8162	.8169	.8176	.8182	.8189
6.6	.8195	.8202	.8209	.8215	.8222	.8228	.8235	.8241	.8248	.8254
6.7	.8261	.8267	.8274	.8280	.8287	.8293	.8299	.8306	.8312	.8319
6.8	.8325	.8331	.8338	.8344	.8351	.8357	.8363	.8370	.8376	.8382
6.9	.8388	.8395	.8401	.8407	.8414	.8420	.8426	.8432	.8439	.8445
7.0	.8451	.8457	.8463	.8470	.8476	.8482	.8488	.8494	.8500	.8506
7.1	.8513	.8519	.8525	.8531	.8537	.8543	.8549	.8555	.8561	.8567
7.2	.8573	.8579	.8585	.8591	.8597	.8603	.8609	.8615	.8621	.8627
7.3	.8633	.8639	.8645	.8651	.8657	.8663	.8669	.8675	.8681	.8686
7.4	.8692	.8698	.8704	.8710	.8716	.8722	.8727	.8733	.8739	.8745
7.5	.8751	.8756	.8762	.8768	.8774	.8779	.8785	.8791	.8797	.8802
7.6	.8808	.8814	.8820	.8825	.8831	.8837	.8842	.8848	.8854	.8859
7.7	.8865	.8871	.8876	.8882	.8887	.8893	.8899	.8904	.8910	.8915
7.8	.8921	.8927	.8932	.8938	.8943	.8949	.8954	.8960	.8965	.8971
7.9	.8976	.8982	.8987	.8993	.8998	.9004	.9009	.9015	.9020	.9025
8.0	.9031	.9036	.9042	.9047	.9053	.9058	.9063	.9069	.9074	.9079
8.1	.9085	.9090	.9096	.9101	.9106	.9112	.9117	.9122	.9128	.9133
8.2	.9138	.9143	.9149	.9154	.9159	.9165	.9170	.9175	.9180	.9186
8.3	.9191	.9196	.9201	.9206	.9212	.9217	.9222	.9227	.9232	.9238
8.4	.9243	.9248	.9253	.9258	.9263	.9269	.9274	.9279	.9284	.9289
8.5	.9294	.9299	.9304	.9309	.9315	.9320	.9325	.9330	.9335	.9340
8.6	.9345	.9350	.9355	.9360	.9365	.9370	.9375	.9380	.9385	.9390
8.7	.9395	.9400	.9405	.9410	.9415	.9420	.9425	.9430	.9435	.9440
8.8	.9445	.9450	.9455	.9460	.9465	.9469	.9474	.9479	.9484	.9489
8.9	.9494	.9499	.9504	.9509	.9513	.9518	.9523	.9528	.9533	.9538
9.0	.9542	.9547	.9552	.9557	.9562	.9566	.9571	.9576	.9581	.9586
9.1	.9590	.9595	.9600	.9605	.9609	.9614	.9619	.9624	.9628	.9633
9.2	.9638	.9643	.9647	.9652	.9657	.9661	.9666	.9671	.9675	.9680
9.3	.9685	.9689	.9694	.9699	.9703	.9708	.9713	.9717	.9722	.9727
9.4	.9731	.9736	.9741	.9745	.9750	.9754	.9759	.9763	.9768	.9773
9.5	.9777	.9782	.9786	.9791	.9795	.9800	.9805	.9809	.9814	.9818
9.6	.9823	.9827	.9832	.9836	.9841	.9845	.9850	.9854	.9859	.9863
9.7	.9868	.9872	.9877	.9881	.9886	.9890	.9894	.9899	.9903	.9908
9.8	.9912	.9917	.9921	.9926	.9930	.9934	.9939	.9943	.9948	.9952
9.9	.9956	.9961	.9965	.9969	.9974	.9978	.9983	.9987	.9991	.9996

演習編デジタル版（詳解付）へのアクセスについて

＊「例題から学ぶ数学II」には，書籍に対応した問題集「演習編」があります。
＊本書から演習編デジタル版（詳解付）へアクセスすることができます。
＊右の QR コードからアクセスして，ご利用ください。

QRコードは㈱デンソーウェーブの登録商標です。

例題から学ぶ数学II

表紙・本文デザイン
エッジ・デザインオフィス

● 監修者 ── 福島　國光

● 発行者 ── 小田　良次

● 印刷所 ── 共同印刷株式会社

● 発行所 ── 実教出版株式会社

〒102-8377
東京都千代田区五番町5
電　話　〈営業〉(03) 3238-7777
　　　　〈編修〉(03) 3238-7785
　　　　〈総務〉(03) 3238-7700
https://www.jikkyo.co.jp/

002402023②

ISBN 978-4-407-35964-0

指数関数・対数関数

1 指数の拡張
$a \neq 0$, n が正の整数のとき
$$a^0 = 1, \quad a^{-n} = \frac{1}{a^n}$$

2 累乗根の性質
$a > 0$, $b > 0$, m, n, p が正の整数のとき
$$(\sqrt[n]{a})^n = a, \quad \sqrt[n]{a} > 0 \quad (n \text{ は } 2 \text{ 以上})$$

$$\sqrt[n]{a}\sqrt[n]{b} = \sqrt[n]{ab}, \quad \frac{\sqrt[n]{a}}{\sqrt[n]{b}} = \sqrt[n]{\frac{a}{b}}, \quad (\sqrt[n]{a})^m = \sqrt[n]{a^m}$$

$$\sqrt[m]{\sqrt[n]{a}} = \sqrt[mn]{a}, \quad \sqrt[n]{a^m} = \sqrt[np]{a^{mp}}$$

3 有理数の指数
$a > 0$, m が整数, n が正の整数, r が有理数のとき
$$a^{\frac{m}{n}} = \sqrt[n]{a^m}, \quad a^{-r} = \frac{1}{a^r}$$

4 指数法則
$a > 0$, $b > 0$, p, q が有理数のとき
$$a^p a^q = a^{p+q}, \quad (a^p)^q = a^{pq}, \quad (ab)^p = a^p b^p$$

$$\frac{a^p}{a^q} = a^{p-q}, \quad \left(\frac{a}{b}\right)^p = \frac{a^p}{b^p}$$

5 指数関数 $y = a^x$
定義域は実数全体，値域は $y > 0$，
グラフの漸近線は x 軸

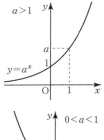

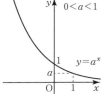

6 指数の大小関係
$a > 0$, $a \neq 1$ のとき
- $p = q \iff a^p = a^q$
- $p < q \iff \begin{cases} a^p < a^q & (a > 1) \\ a^p > a^q & (0 < a < 1) \end{cases}$

7 指数と対数の関係
$a > 0$, $a \neq 1$, $M > 0$ のとき
- $a^p = M \iff p = \log_a M$
- $\log_a a^p = p$

8 対数の性質
$a > 0$, $a \neq 1$, $M > 0$, $N > 0$ のとき
(1) $\log_a 1 = 0$, $\log_a a = 1$
(2) $\log_a MN = \log_a M + \log_a N$
(3) $\log_a \dfrac{M}{N} = \log_a M - \log_a N$
(4) $\log_a M^r = r \log_a M$ （r は実数）
(5) $\log_a \dfrac{1}{N} = -\log_a N$
(6) $\log_a \sqrt[n]{M} = \dfrac{1}{n} \log_a M$
(7) 底の変換公式
$a > 0$, $b > 0$, $c > 0$, $a \neq 1$, $c \neq 1$ のとき
$$\log_a b = \frac{\log_c b}{\log_c a}$$

9 対数関数 $y = \log_a x$
定義域は $x > 0$，値域は実数全体，
グラフの漸近線は y 軸

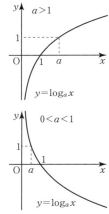

対数関数を含む方程式・不等式では，対数関数の定義域 $x > 0$（真数条件）に注意する。

10 対数の大小関係
$a > 0$, $a \neq 1$ のとき
- $p = q \iff \log_a p = \log_a q$
- $p < q \iff \begin{cases} \log_a p < \log_a q & (a > 1) \\ \log_a p > \log_a q & (0 < a < 1) \end{cases}$

11 常用対数 $\log_{10} N$ （$N > 0$）
- N の整数部分が n 桁
$\iff 10^{n-1} \leq N < 10^n$
$\iff n-1 \leq \log_{10} N < n$
- N は小数第 n 位にはじめて 0 でない数字が現れる
$\iff 10^{-n} \leq N < 10^{-n+1}$
$\iff -n \leq \log_{10} N < -n+1$